紫外線による水処理と衛生管理

Utilisation des U.V. dans le traitement des eaux

W.J. Masschelein 著

理博 海賀信好 訳

技報堂出版

JUILLET-AOÛT
SEPTEMBRE-OCTOBRE 2000
Nos 4-5
Vol. 53 - N° 606-607

TRIBUNE DE L'EAU

Editeur responsable
F. EDELINE, 2 Rue A. Stévart
4000 LIEGE

ISSN : 0007-8115
BIMESTRIEL
Dépôt Liège X

NUMÉRO SPÉCIAL

Utilisation des U.V. dans le traitement des eaux

par W.J. Masschelein
Dr ès Sciences

REVUE
DU CENTRE BELGE D'ETUDE &
DE DOCUMENTATION DE L'EAU

CEBEDEAU

EDITIONS CEBEDOC

en collaboration avec la Société

berson UV-techniek
HALMA GROUP COMPANY

Japanese translation right arranged
directly with the author
through Tuttle-Mori Agency, Inc., Tokyo

推薦の言葉

　水の供給と水環境の安全確保のために、病原微生物の感染力を除くことは、水処理の第一の目的であり、古くて新しい課題です。特に1996年の埼玉県越生町における水道経由のクリプトスポリジウムによる感染事故は、日本において消毒技術の体系を改めて考え直す契機になりました。われわれは、長い消毒技術の歴史を持ち、しかも、新しい微生物学的知見と分子生物学の新しい手法を手に入れているにもかかわらず、水中病原微生物の新たな脅威に曝されていると言えます。消毒技術は単に水処理プロセスの一つというよりは、病原微生物のヒトへの健康リスクを低減化する体系の重要な要素技術です。すなわち、流域水質管理から蛇口水質管理まで、あるいは、野生動物対策から建築衛生設備設計まで、社会の健康リスク管理システム全体の中に消毒技術は位置づけられなければなりません。

　本書には、紫外線の物理学的基礎から、消毒の原理、ランプの利用方法、飲料水の消毒、下水処理水の消毒、過酸化水素・オゾンとの併用酸化処理まで、紫外線技術に関わる広い知識とその要点がまとめられています。国内外の水道技術の動向と紫外線技術に詳しい海賀信好氏により本書がここに翻訳されたことは時宜を得たものといえます。

　水の消毒技術の開発は、今後ますます高度な対応が求められます。水分野の研究と実務に携わる多くの方々が本書を参考にされ、新しい消毒の体系が社会に形成されることを期待します。

2004年4月

東京大学大学院工学系研究科都市工学専攻　教授

工博　大垣　眞一郎

はじめに

　水処理に関する書籍は，その派生する分野を考えますと，数限りなくあると言ってもいいほどです。しかし，紫外線消毒についての具体的な関係書は我が国ではきわめて少なく，ないと言っても過言ではありません。

　世界的にも，紫外線に関して技術情報がこれほど幅広く集約された書は初めてであろうと思われます。本書は，物理学，量子力学，流体力学，有機化学，生物化学，微生物学などの知識が集合されたものでありますが，そこに見るヨーロッパの技術の奥深さに驚嘆し，そして，それをわかりやすく展開したマシェラン博士の総合力と根気に敬服する次第であります。

　訳者は，かつて国際オゾン協会ヨーロッパ支部の見学会でオランダ・ハウダ市の浄水場で紫外線による消毒の稼働状況を知りました。その後，短期間にパリ，ヘルシンキ，ストックホルムの大きな浄水場にも設備が導入されています。また，水資源に大きな問題を抱えるシンガポールでは，下水処理水を膜ろ過したものに紫外線を照射して飲料水がつくられています。

　現在，上水道の塩素消毒副生成物に関し健康および水環境への影響が問題になっていますが，紫外線照射による消毒では，副生成物についての心配もなく，そのうえ問題となってるクリプトスポリジウムなどの原虫にも効果的であることが認められています。また今後は，厳しくなる水質基準に対して，水処理に伴うエネルギー消費など経済面，環境面に対しても十分考慮していく必要があります。この状況を鑑みますと，20世紀の初頭に認められていた古くて新しい紫外線消毒が正しく理解され，利用されていくことはきわめて相応しいことと考えられます。そして，技術的には，無電極のランプが作成され，エキシマ，パルスなどの新しい技術の開発も進んでいます。この分野から新しい研究が開花し，多くの研究者が活躍されることを期待するところです。

本書を刊行するにあたり，水質関係の研究グループをはじめ，大学，企業の多くの方々にお世話になりました。特に，紫外線の消毒につきましてはお茶の水女子大学大学院人間文化研究科・大瀧雅寛助教授に，ランプ技術につきましては国際照明委員会（CIE）の河本康太郎氏にご多忙のなか査読を快くお引き受けいただきました。心より深謝申し上げる次第であります。また，本書を企画され，終始励まし助言をいただきました技報堂出版の小巻慎氏に厚くお礼いたします。

2004年1月

海賀　信好

訳者注：用語について
　日本規格協会ハンドブックにおいては，色彩関連の照明用語，眼鏡レンズ用語では，可視放射，紫外放射，赤外放射と，広い意味での「光」がすべて「放射」で表現されています。また，光学用語では，「放射」と可視光線，紫外線，赤外線の「線」とが併記され，どちらも用いられております。本書の分野に関係の深い『理化学辞典』，『生化学辞典』，『化学辞典』おいてはすべて「紫外線」が用いられており，今回，電磁波を利用する立場から一般用語として「紫外線」を用いることとしました（詳細は巻末参照）。
　さらに，本書は目次に見られるとおり，ランプから紫外線を放射する技術，紫外線を水に照射する技術，曝露後に殺菌，不活化，化学反応を調べる技術の3つの分野から構成されていますので，各々その立場からの用語が使用されておりますことに留意していただきたいと思います。

日本語版刊行に寄せて

　本書の原書は，フランス語で，BERSON-UV Technology 社（オランダ）の支援を受け，Techniquedel' Eau から出版された。

　紫外線の新しい進歩を促進するため，利用可能な資料の更新を援助してくれた会社に感謝する。本書の技術資料は，筆者が個人的に纏めたものであり，技術に対するコメントと意見に対する責任は，筆者に帰する。

　本書の日本語版刊行にあたり，翻訳を担当された筆者の古くからの非常に良い友人である海賀信好博士と英語版を担当されたリップ G. ライス博士に心から感謝する。

2003 年 12 月

ブリュッセル　ヘルギー
ウイリー J. マシェラン

ウイリー J. マシェラン博士の履歴

1936 年 9 月 6 日，ベルギーのゾンヌベークで生まれる。
ブリュッセル自由大学で化学を専攻
1958 年修士，1961 年理学博士，1964 年　医微生物学専門課程修了
民間企業に勤務後，ブリュッセル水道局で研究所長，技術サービス長を歴任。現在はコンサルタント
水質関連，酸化処理関連の科学技術論文 300 以上
水と環境に関する専門組織のメンバー
国際オゾン協会ヨーロッパ支部会長，国際オゾン協会会長（1990 〜 91 年）
各大学と協会の客員教授

原 著 序

　水処理と衛生における紫外線照射，紫外線の工業的応用，あるいは一般論として紫外線の応用に関係した本はいくつかある(Ellis, 1941；Jagger, 1967；Guillerme, 1974；Kiefer, 1977；Phillips, 1983；Braun, 1986)。そして，水の衛生への紫外線応用に関した若干の文献もある(Gelzhhuser, 1985；Masschelein, 1991, 1996)。

　さらにいくつかの概要も存在する(Jepson, 1973；U.S.Department of Commerce, 1979；Scheible, 1985；Gelzhiuser, 1985；Masschelein, 1991, 1996；J.Water Supply-AQUA, 1992)。1997年にWEF(Water Environment Federation)は，広く報告されている紫外線による消毒(主に排水処理について)に関してのダイジェストを発表した。

　評価方法として動物への感染性を用いたところ，水処理において *Cryptosporidium parvum* オーシストが紫外線照射によりかなり不活化されるかもしれないことを示した[詳細については第3章(表9)を参照されたい]。この発見は，紫外線技術を飲料水処理の最前線に押し出した。

　1999年に，U.S.EPA(1999)は，飲料水の紫外線消毒に関してワークショップを組織した。2000年12月に米国水道協会研究財団(AWWARF)の協力で全米水道研究所(NWRI)は，飲料水と水再利用(NWRI, 2000)についての紫外線消毒ガイドラインを発表した。

　2001年6月に国際紫外線協会(IUVA)は，紫外線の技術に関する最初の国際会議を開催した。そして，その会議要旨集(IUVA, 2001)は，紫外線照射による飲料水消毒に関しての多くの文献を含んでいる。さらに，多数の文献(しばしば，あるいは多かれ少なかれ商業的に指向された発表)は，ある特定な場面については水処理における紫外線の応用が可能であることを示している。

　本書は，耐性のある(強情な)汚染微生物の消毒だけでなく，除去の議論を含んで

いる。他方，最近のモノグラフでは，紫外線技術の応用のための，現在利用可能な統合された基本的な知識，設計のための基本，操作の評価と方向性が不足している。したがって，本書の目指すところは，基本的な知識と実稼動中の問題を統合することである。

　この分野でシステムを扱う一部の読者には，特定の章は，少し長ったらしいかもしれないし，また理論的すぎるかもしれない。そんな場合は，用語集において重要な語の詳細なリストを見ていただきたい。本書の目的は，水の衛生管理について多少経験的ではあるが，しばしば考慮すべき面白いその根底にある原則を明記することにある。

目　次

1. **序　論** 1
   - **1.1** 歴史：飲料水処理における紫外線の使用 1
   - **1.2** 基準と規則の現状 3
   - **1.3** 紫外線の定義：範囲と自然光源 5
     - 1.3.1 紫外線の定義 5
     - 1.3.2 紫外線の範囲 6
     - 1.3.3 紫外線による水の消毒 8
   - **1.4** 太陽光のエネルギー 8

2. **利用可能なランプ技術** 11
   - **2.1** 概　論 11
   - **2.2** 水銀放射ランプ 12
     - 2.2.1 注入ガスの効果：ペニング混合 13
   - **2.3** 現在利用できる商用ランプ 15
     - 2.3.1 低圧水銀ランプ 15
     - 2.3.2 中圧水銀ランプ 15
     - 2.3.3 高圧水銀ランプ 16
   - **2.4** 利用可能なランプ技術 16
     - 2.4.1 低圧水銀ランプ技術 16
     - 2.4.2 中圧水銀ランプ技術と高圧水銀ランプ技術 24
   - **2.5** 特殊ランプ技術 31
     - 2.5.1 扁平ランプ技術 31
     - 2.5.2 インジウムドープランプとイットリウムドープランプ 32
     - 2.5.3 キャリヤガスドープランプ 33
   - **2.6** ランプ技術の選択のための予備的ガイドライン 39
     - 2.6.1 低圧水銀ランプ 39
     - 2.6.2 中圧水銀ランプ 40
     - 2.6.3 特殊ランプ 40

2.7 紫外線の放射効率と制御モード　41
2.7.1 ランプ壁と囲いの材料　41
2.7.2 光学材料の透過-反射率　42
2.7.3 付着物（スライム）の沈積　43
2.7.4 水による透過と反射　45
2.7.5 放射測定　46
2.7.6 光学フィルタ　47
2.7.7 スペクトルの放射測定（光電セル）　47
2.7.8 光量測定　51

2.8 発光のゾーン分布　55

3. 飲料水消毒のための紫外線ランプの使用　59
3.1 概論　59
3.2 殺菌作用　60
3.2.1 殺菌作用曲線　60
3.2.2 消毒のメカニズム　61
3.2.3 タンパク質とアミノ酸に対する潜在的な効果　64
3.2.4 ランプの殺菌効率の評価　67
3.3 線量効率の概念　68
3.3.1 基本の式　68
3.3.2 致死線量の決定方法　70
3.3.3 D_{10}の報告された値　72
3.3.4 水温の効果　75
3.3.5 pHの効果　75
3.4 代表的なテスト菌体　75
3.5 紫外線消毒における競合的効果　76
3.5.1 飲料水の構成成分との競合的な吸収　76
3.5.2 運転パラメータ　77
3.5.3 溶解物の重要性　77
3.5.4 人工の光学的干渉を用いた調査　79
3.6 マルチヒット，マルチサイトとステップバイステップ殺菌概念　80
3.7 反応器の幾何学的設計要因　84
3.7.1 概説　84
3.7.2 単一ランプの反応器　85

3.7.3 複数ランプの反応器 90
  3.8 紫外線の水処理での混合状況 95
    3.8.1 基本原則 95
    3.8.2 一般的な水力学的状況 95
    3.8.3 流動パターンの試験 96
    3.8.4 縦あるいは横のランプ据付け 97
  3.9 効率的な運転管理 98
    3.9.1 直接の管理 98
    3.9.2 恒久的なモニタリング 98
    3.9.3 広範な管理 100
  3.10 飲料水のための紫外線消毒ユニットに対する仮の設計における質問 101
    3.10.1 概　　説 101
    3.10.2 必要なパフォーマンスの定義 101
    3.10.3 資格と入札の要素 102
  3.11 例 104
    3.11.1 SpontinのSource du Pavillon（ベルギー） 104
    3.11.2 Imperia（イタリア） 106
    3.11.3 Zwijndrecht（オランダ） 106
    3.11.4 Roosteren（オランダ） 106
    3.11.5 Méry-sur-Oise（フランス） 107

4. 水衛生管理における光化学的な併用酸化プロセスでの紫外線の使用 109
  4.1 基本原理 109
    4.1.1 概　　説 109
    4.1.2 水処理と関連がある・OHラジカルの特徴 112
    4.1.3 水処理での・OHラジカルの分析的な証拠 114
    4.1.4 水溶液中の有機化合物とヒドロキシラジカルの反応 115
  4.2 過酸化水素と紫外線との組み合わせ 116
    4.2.1 一般的な面 116
    4.2.2 硝酸イオン濃度の効果 119
    4.2.3 過酸化水素と紫外線併用酸化に関する報告データ 121
  4.3 水衛生管理におけるオゾンと紫外線の併用 123
    4.3.1 紫外線の照射によるオゾンの分解 123

      4.3.2　実際的な証拠　125

      4.3.3　コスト　126

      4.3.4　酸素（または空気）の紫外線照射によるオゾンの技術的な発生　126

  4.4　紫外線の触媒作用のプロセス　128

  4.5　紫外線併用酸化プロセスに対する仮の設計規則　129

5. 排水の衛生のための紫外線の使用　133

  5.1　処理された排水の消毒のための規則とガイドライン　133

  5.2　紫外線による消毒に関する処理水の一般的な特徴　136

  5.3　下水の紫外線消毒後の後増殖と光回復　139

  5.4　下水消毒におけるの実用的な紫外線線量　141

  5.5　排水消毒におけるランプ技術の選択　144

  5.6　副生成物の毒性と生成　145

  5.7　紫外線による下水消毒の予備的な結論　146

  5.8　例　146

6. 一般的な結論　147

あとがき　149

用　語　集　151

参考文献　155

索　　引　165

微生物（学名）索引　170

1. 序　　論

　飲料水処理における広範な紫外線利用が定着し成功しているにもかかわらず，批判的な意見が時々散見される。
・一般に認められた設計とよく確立した規則が欠如している。
・処理した水に活性の薬剤が長期間残留しない。
・光化学的に可能となる副生成物の生成が疑わしい。
・照射された微生物の再生メカニズムによる再生-再活性の可能性がある。
・恒久的な技術としての信頼性のうえで，運転操作の管理に対する知見が不足している。

本書の目的は，現在，水処理に利用可能な紫外線技術応用に関する大規模な情報（基礎的な面と応用を統合し）を提示し，これらの関係を分析することである。これらの技術には，以下を含む。
・利用できるランプの技術，評価の基準と，技術の選択。
・適用できる基本原則。
・消毒のための性能基準。
・デザイン設計基準と方法。
・紫外線と酸化剤の併用使用への展望。
・技術の機能的な必要条件と将来可能性のある利点と不利益な点。

1.1　歴史：飲料水処理における紫外線の使用

　紫外線放射は，飲料水の水質改良のために使うことができる。現在，水処理において利用できる紫外線照射の主要な目的は消毒である。技術的な方法は，20世紀の

1 序　論

初めに飲料水の装置に導入された。

太陽光エネルギーの殺菌効果は，DownesとBlunt(1877)によって最初に報告された。しかし，地球の表面に届く太陽光の紫外線部分は，ほぼ290 nmより長い波長に限定される。いわゆる「曇っている日のボストンの太陽光線」は，340 W/m^{2}の総強度を持つ。しかし，太陽の高さに依存する季節での照射量は，年間2〜100％で変化する。30℃で，総強度は，海抜に近い平らな土地よりも，高い山の方がおよそ50％高い(Kiefer, 1977)。それに加えて，地球の表面に届く紫外線は，総日光強度の10％未満である。この中からさらに水の消毒が可能な放射される有効な紫外線は，ほとんどない。したがって，紫外線消毒は，水処理に用いられる本質的な技術的なプロセスである。

紫外線の最初の大規模な使用としては，容量200 m^3/日の飲料水の消毒のための設備が1906年から1909年にかけてフランスのマルセイユにあった(Anon, 1910；Clemence, 1911)。この使用の後に，フランスのRouen市の地下水の紫外線消毒へと続いた。しかしながら，紫外線法とろ過法の利点に関する比較で，かなりの議論と論争が起こった(Anon, 1911)。ヨーロッパでは，水の衛生に関する紫外線の応用は，第一次世界大戦の間に遅れた。

米国では，紫外線の最初の実規模の設備として，1916年にケンタッキー州のHendersonの1万2000人の住民のために応用されたと報告されている(Smith, 1917)。他の応用は，オハイオ州のBerea(1923)，カンザス州のHorton(1923)，そしてオハイオ州のPerrysburg(1928)で開始された。米国での紫外線応用については，WaldenとPowell(1911)，von Recklinghausen(1914)，Spencer(1917)，Fair(1920)，そしてPerkinsとWelch(1930)による初期の出版物を参照することができる。

すべてのこれらの応用は，1930年代の後半には捨て去られた。その理由はわからないが，多分，コスト，設備のメンテナンスとランプの劣化(それは，その当時は十分に考えられなかった)と予想することができる。塩素による消毒は，その当時において，多分，より簡単な操作，そしてより安いコストのためにより採用されたのである。1950年代に，紫外線技術が再び，そして完全に開発の方向に向かった。KawabataとHarada(1959)は，必要な消毒に関する照射量について報告している。

今日，ヨーロッパでは，5000以上の飲料水設備で紫外線照射に基づいた消毒が使われている。ベルギーの最初の実物大の応用は，1957年と1958年にSovet村のSpontinに設置され操作された。それは，現在も運転中である(第3章を参照された

い)。新しい技術とその応用は，連続的に調査され，そして発達していった。ヨーロッパでの大部分の応用は，飲料水あるいは製薬と医学の分野の超純水を含む純水システムに関係する。米国とカナダでは，それとは対称的に，珍しく排水への応用だけであったが，技術開発は進行している。

飲料水に関する限り，1980年までは，米国における紫外線の使用に関する情報は，奇談，逸話の類であった[Malley, 1999]。1989年のU.S.EPAのSurface Water Treatment Rule(SWTR)は，*Giardia lamblia* の不活化に最も利用できる技術としては紫外線照射を提案しなかった。しかしながら，提案されたGroundwater Disinfection Rule(GWDR)(U.S.EPA, 2000)には，可能な技術として紫外線照射を含んでいた。

1990年以後，共同調査の努力がAmerican Water Works Association(AWWA)とAWWA Research Foundation(AWWARF)によってなされた。1998年に，紫外線照射が *Cryptosporidium parvum* オーシストの不活化に適切であることが証明された。

1986年と1996年に，International Ozone Association(IOA：国際オゾン協会)のヨーロッパの委員会は，水衛生の消毒に関したオゾン，紫外線の使用，さらにオゾンと紫外線の潜在的な併用に関して，シンポジウム[Masschelein, 1986, 1996]を組織した。同じ話題は，2000年のWasser BerlinでのIOA会議の議事日程にも上った。現在，これらの技術の使用は，水源原水の直接処理にも魅力的であるが，飲料水のための直接的な使用というより排水処理の分野で主に発展している。

オゾン-紫外線の開発に続いて，過酸化水素と紫外線，紫外線と触媒による可能性が研究開発の活発な状況にある。飲料水に関する限り，これらの新技術の応用は，まだ制限されたままであるが，これらの開発分野は，除去の難しい微量汚染物質(例えば，除草剤，塩素化有機化合物類，多環芳香族炭化水素類)の対策，消毒，そして副生成物のより少ない方法を含んでいる。

1.2 基準と規則の現状

公式な規則のごく限られた箇所に紫外線ユニットを飲料水処理に適用する基準が存在している。現在，ヨーロッパでは，オーストリアだけが公式に供給された飲料水の消毒のための基準としてUV-C照射量 $450\,\mathrm{J/m^2}$ を規定している(Austria Önorm, 2001)。

1.2 序　論

ドイツでは，German Association of Manufacturers of Equipment for Water Treatment (FIGAWA) が推薦している (FIGAWA, 1987)。技術的な長所を記述しているほかに，ガイドラインとして $250\,\mathrm{J/m^2}$ の最小限の適切な紫外線線量の適用を勧めている。

Deutsches Verein von Gas and Wasserfachmännern (DVGW) も推薦し (Arbeitsblatt W 29-4-1997)，技術的なガイドラインにおいて，特にモニタリングに関して公式化し，さらに $400\,\mathrm{J/m^2}$ の最小限の線量を明記している。これらの異なる推薦は，例えば，乗客を輸送している鉄道電車などのいくつかのユースポイントでの応用を基礎としている。さらなる作業が DVGW で，そして German Standardization Institute (DIN) で進行中である。オーストリアの要求によりドイツの基準が同じになることはありそうである。

まだ，DIN の基準では，水処理における紫外線の利用については触れていない。一般的な光化学的な目的のためには，基準 DIN-5031-10-1996：Strahlungsphysik im optischen Bereich und Lichttechnik を参照されたい。他の国で推薦された必要条件は，ノルウェーで $160\,\mathrm{J/m^2}$ である。そして，フランスで $250\,\mathrm{J/m^2}$ である。また，オランダの KIWA は，最小限の線量として $250\,\mathrm{J/m^2}$ を推薦している。

現在，プロジェクトとしては，飲料水処理において紫外線の適用の基準 Comité Eurоpèen de Normalization (CEN) の作成に向けては進行していないが，異なる国家のグループ (例えば，ドイツの DVGW) で評価されている。米国のより古い一般的な推薦は，$240\,\mathrm{J/m^2}$ の線量であった (Huff, 1965)。大部分のヨーロッパの国 (ベルギーを含む) は，この推薦された値に頼っている。

類似した必要条件が船客の飲料水の紫外線消毒へ応用するために公式化された。1966 年に U.S.Department of Health, Education and Welfare (DHEW) (現在の Department of Health and Human Services) がこの応用のために，すべての消毒チャンバー内で $160\,\mathrm{J/m^2}$ の最小限のガイドラインを提案した [また，UK Regulation 29 (6) (1973)，そして Germany (1973) Vol.2, Kap.4 (1973) を参照されたい]。適用にあたっては，澄んだ水で実施されると思われる。そして，必要ならば濁度と色度についての前処理が行われる。

U.S.National Sanitation Foundation (NSF) と American National Standards Institute (ANSI) と NSF Standard 55-1991 は，次の 2 つの基準を定義している。

ユースポイントでの要点

・$380\,\mathrm{J/m^2}$ の線量は，ウイルスと細菌の消毒，そしてウイルスの 4 log 除去にとっ

て安全であるとみなされる(標準は，さらに反応器が *Saccharomyces cerevisiae* あるいは *Bacillus subtilis* のどちらかの細菌の消毒により確認されることを必要とする)。

給配水ポイントでの要点
・160 J/m^2 の線量は，市町など自治体で処理，消毒された水の補足の消毒のために必要である。

　U.S.EPA SWTR は，A型肝炎ウイルス(HAV)の減少をそれぞれ 2 log，3 log 達成するため，210 と 360 J/m^2 の紫外線線量を要求している。米国の大部分の州は，前に言及した ANSI と NSF 基準との必要条件に従っている。例外は，160 J/m^2 の線量を指定しているニュージャージー州，ペンシルバニア州，そしてユタ州である。時にはろ過工程が紫外線消毒の前に必要となる。AWWA では，地方の小さいシステムに関して，紫外線の直接の使用のために 400 J/m^2 の照射線量を推薦している。

　都市の下水処理に関連して Council Directive 91/271/European Economic Community(EEC)は，処理の一部として明確に消毒を要求していない。必要条件は，水の地域的な再利用を考慮する地元の当局により定義されることになっている。詳細については，第 4 章で述べる。

1.3　紫外線の定義：範囲と自然光源

1.3.1　紫外線の定義

　紫外線は，電磁波の一種である。光の性質に関しては，歴史的にかなり長い間議論の主題であった。Newton(1642 〜 1727) が光の粒子理論を公式化したのに対して，Huyghens(1629 〜 1695) は波動説を追究した。その概念の違いが 19 世紀における重要な分析と発展につながっている。波動説は，光がお互いに直交し，そして絶えず波動伝達の方向を横切る電場と磁場ベクトルからなると考え，電磁気の理論を解明した Maxwell(1831 〜 1879)の概念で支えられた。

　光子が光波を連想させることから，Planck(1858 〜 1947)が概念を結合して量子仮説を定めた 1900 年に全部の議論は終わった。Newton は，白色光がプリズムで見える組成の色に分解されることを示した。しかし，電磁波スペクトルの見える部分は，

1.2 序 章

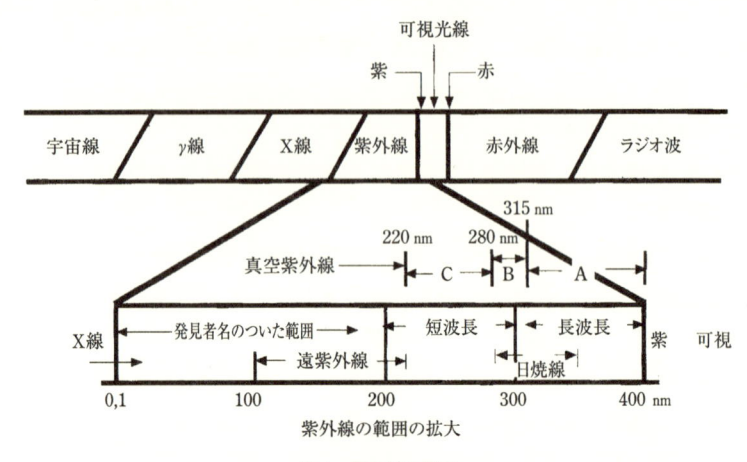

図1 電磁波の範囲

全体の非常に小さい一部だけである(図1)。

1801年にRitter(1779～1859)は，可視光線の構成要素[そのうえ，赤外線(IR)とより長い波長]を除去するフィルタで日光を透過させる実験を行い，可視光より短い波長の見えない部分で塩化銀を照射すると，還元銀の生成が起きることを示した。可視光線を除く一つの方法として，Wood(1868～1955)は，ニッケルとコバルトの酸化物を含むガラスを用いた。それは，可視光線に対して不透明体で，しかし，紫外線の一部を通す。この部分は，UV-Aと呼ばれている(図1)。

Young(1773～1829)は，1804年に塩化銀を滲み込ませた紙による検出から見えない光に対する干渉の原則を確立した。紫外線と可視光線の類似した性質(Newtonの干渉)は，それによって確立された。このことは，複雑な波長の性質を特徴づける手早い方法を提供したことになる。

1.3.2 紫外線の範囲

紫外線の電磁波放射は，10 nm と 400 nm との間にあり，そしていくつかの領域に再分割される。見えない紫外線の範囲は，400 nm の波長より短い波長域とされた。最初は光学ガラスが短い波長の光子を送るために利用できなかったので，実体は320 nm までしか確認できなかった。

Stokes(1819～1903)は，1862年に石英を使用することでその確認を183 nmまで広げることができた。これより下の波長は，酸素と窒素が吸収することが知られていた。しかし，Schumannは，蛍石の光学系を用いて，真空下で120 nmまで観察の範囲を広げられるスペクトルグラフを定めた。20世紀の初めに，Lymanは，格子を使い5.1 nmまで太陽光のスペクトルを分光することに成功した(1906, 1916, cited in Gladstone, 1955, p.39)。

以下の分類は，多かれ少なかれ経験的である。紫外線の化学的，生理学的な効果で，異なる紫外線範囲の歴史的な発見を統合すると，100～200 nm程度までの光は遠紫外線と呼ばれる。真空紫外線では，次のようにいくつかの範囲が，発見者の名によって示される。

・120～185 nmまで，Schumannの範囲。
・50～120 nmまで，Lymanの範囲。
・10～50 nmまで，Millikanの範囲。

タイプ	範囲(nm)	備　考
UV-A	315～400	300～400 nmは，時に近紫外線と呼ばれる
UV-B	280～315	時に中紫外線と呼ばれる
UV-C	220～280	水の消毒で最も考慮される範囲

X線の領域は，10 nm未満で始まる。そして，γ線の領域は，より短い0.1 nm未満の波長である。

紫外線の波長の全部の範囲は，光化学作用を持つ波と呼ばれている。そして，より長い波長の熱的な波に対比して，化学の波として知られている。光化学作用を持つ波長は，照射された分子に直接，活性化，イオン化，解離，その他の化学的変化を引き起こすエネルギーを含んでいる。そして，それに応じて分子の生物学的変化を促進することができる。

紫外線の主な発生源は，太陽光である。紫外線に対し，実際的には大気で短い波長にフィルタをかけているため295 nmまでの波長である。日焼け，色素沈着(ブロンズ色になること)に対する最大の影響は，およそ360 nmである。皮膚のErythema(紅斑)は，およそ300 nmでの最大の影響となり，二番目の250 nmあたりでも促進される(図2)。

紫外線に曝露されると，体の部分によって異なる感度を示すかもしれないが，最

1. 序　論

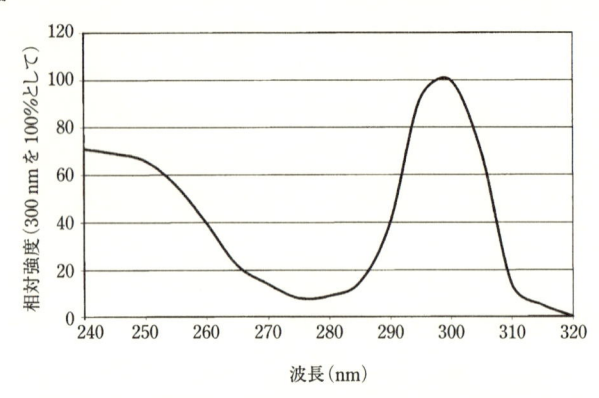

図 2　Commission International de l'Eclairage (1939) によって定義された皮膚の紅斑発症の標準曲線

大の影響は常に同じ症状になる。Erythema は，紫外線を用いる専門家にとって潜在的な病気要因であり，例えば紫外線を透過しないガラス製の保護具を着けるなどの適切な処置により防がれなければならない。

1.3.3　紫外線による水の消毒

紫外線の水の消毒は，主に UV-C の範囲に関係する。そのために用いる設備は，できるだけ透明であることを必要とし，石英が最高の材料ある。また，UV-B の範囲においては，タンパク質と他の細胞物質の光分解について関心が大きくなっている（第3章，表7，および第4章を参照されたい）。

1.4　太陽光のエネルギー

長い間，太陽光のエネルギーは，地球上の紫外線のただ一つの元であり，利用できる光源であった。黒体の概念によれば，熱的要素による紫外線の発生は，**図3**に示されるとおりである。

この仮定に従えば，太陽系における放射の強さは，およそ 41 023 kW である。そして，対応する黒体温度は 5 780 K と見積もられる。そのような状況（**図 4**）で，太

1.4 太陽光のエネルギー

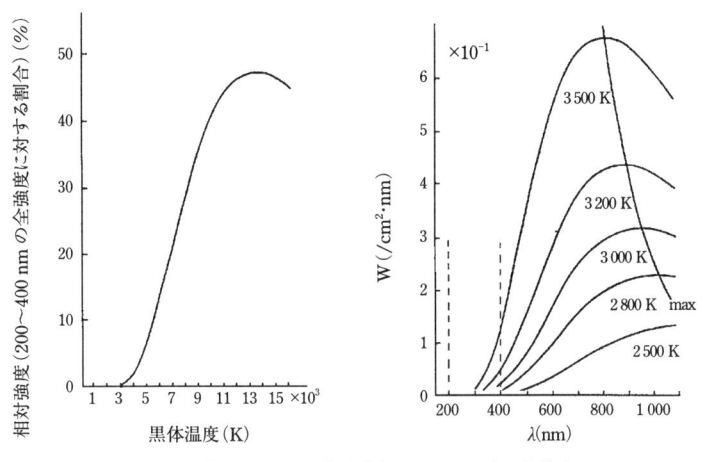

図3 黒体理論に従った紫外線（200〜400 nm）の熱放出

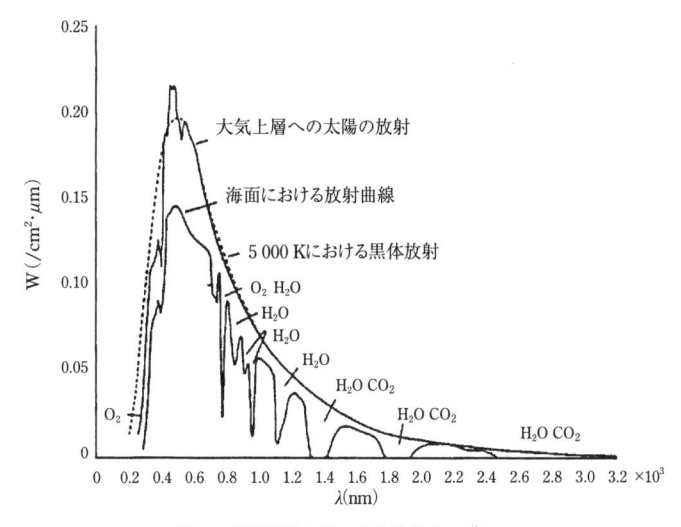

図4 黒体理論に従った熱放出カーブ

陽の放射は，紫外線の範囲に及ぶ。1 374 W/m^2 のいわゆる太陽の定数で，地球で受け取られる太陽光のエネルギーは，1 400 J/m^2 と見積もられる。大部分の光は，紫外線（およそ98％）である。しかし，実際には，放射された紫外線の一部分だけが地球上に届くだけである。

　太陽の放射エネルギーが地球上に到達するまで，拡散（散乱）と吸収の基本的な2

1. 序　論

つのメカニズムが起こる。Rayleigh(1842〜1919)拡散は，λ^{-4} と比例しているので，より短い波長に関係する。窒素と酸素による吸収で，すべての真空紫外線(VUV)が除去される。酸素によって吸収される 200 nm 未満の波長は，オゾンを生成し，そのオゾン自身が 220〜300 nm の範囲の紫外線を吸収し，光分解を起こす。結果として，地球の表面に届く紫外線の構成要素は，UV-A とわずかな UV-B である。水の消毒に利用できるオゾンによる紫外線の吸収については，さらに第 4 章において記述する。

2. 利用可能なランプ技術

2.1 概　　論

　光は，元素のより高い励起状態に電子を活性化することができ，その活性種が低い基底状態のエネルギー準位に戻る時に光の放射を伴う。そのプロセスを概略的に図5に示す。

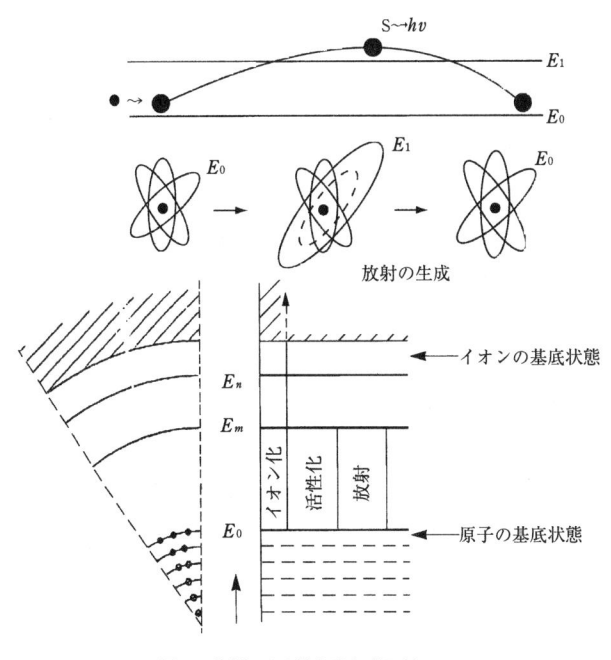

図5　物質による発光現象（概略）

2. 利用可能なランプ技術

量的には，$E_1 - E_0 = h\nu$ として表される。言い換えると，得られる光の波長は，活性化された励起状態と戻った基底状態のエネルギー差に依存する。

物質の熱的活性は，光の発生の手段を提供する。黒体の概念によれば，全体の発光の力は，物質の温度に依存し，Stefan-Boltzmann 法則によってその量が定められる。$P(T) = sT^4$。ここで，$P(T)$ は，絶対温度 T において，黒体の単位表面から 1 つの半球（2π 立体角）に放射される全放射エネルギーである。s は，Stefan-Boltzmann 定数で，$5.6703 \times 10^{-12} \text{W/cm}^2$ に等しい。しかしながら，得られる放射率は，対象となる波長によって違ってくる。黒体による放射は，紫外線の主たる発生源ではないが，実際のランプに対する技術的な利用においては，完全に無視することができるわけではない。

2.2 水銀放射ランプ

電子（すなわち，電気的な放出）による水銀原子の活性化（または，イオン化）は，現在，水の消毒に適用できる紫外線を発生させる最も重要な技術である。水銀の普及している理由は，それが最も蒸気圧の高い金属元素であり，ランプの構造とうまく適合できる温度でガス相での活性を得ることができるということである。さらに，水銀は，いわゆる「電子なだれ現象」を可能にするのに十分低いイオン化エネルギーを持ち，そしてその現象は，電気的な放出の基礎をなしている連鎖反応である。蒸気圧ダイアグラムを図 6 に示す。

電子との衝突による活性化-イオン化と，低いエネルギー状態（例えば，基底状態）への復帰は，ランプというシステムにおいて光の発生の原則である（図 5 参照）。

水銀のエネルギー図または Grotrian 図に関しては，図 7 を参照されたい。最初の結論としては，イオン化あるいは活性化された準安定のエネルギー準位から戻る準位の全体が紫外線を発生させるのに適当な範囲にあるということである。

自然の水銀は，ほぼ等しい重さの割合で 5 つの同位元素からなる。このように，輝線の小さな違いが存在して，特により高い蒸気圧では，光は輝線ではなくバンドのスペクトルを示す。

2.2 水銀放射ランプ

2.2.1 封入ガスの効果：ペニング混合

最も使われる封入ガスは，アルゴンである。そして，他の不活性なガスが続く。これらのガスは，**表1**に示すように高いイオン化エネルギーを持ち，最外殻電子を満たしている。

大部分の技術では，アルゴンが封入ガスとして使われる。アルゴンのイオン化エネルギーは 15.8 eV である。しかし，最も低く励起される準安定状態は 11.6 eV である。この準安定状態のエネルギーは，衝突によって消失する。それが水銀原子と衝突すると，水銀のイオン化が起こり，そして，この後に光の放射が続く。準安定状態のエネルギーが水銀のイオン化エネルギーより高い時，全体はペニング (Penning) 効果を発揮する。したがって，キセノン，クリプトンを除き，水銀とペニング効果を構成するのは，アルゴン，ネオン，ヘリウムが可能である。

封入ガスの主要な役割は，光の放射の開始を容易にするだけでなくて，水銀の初めの活性化-イオン化を促進することである。

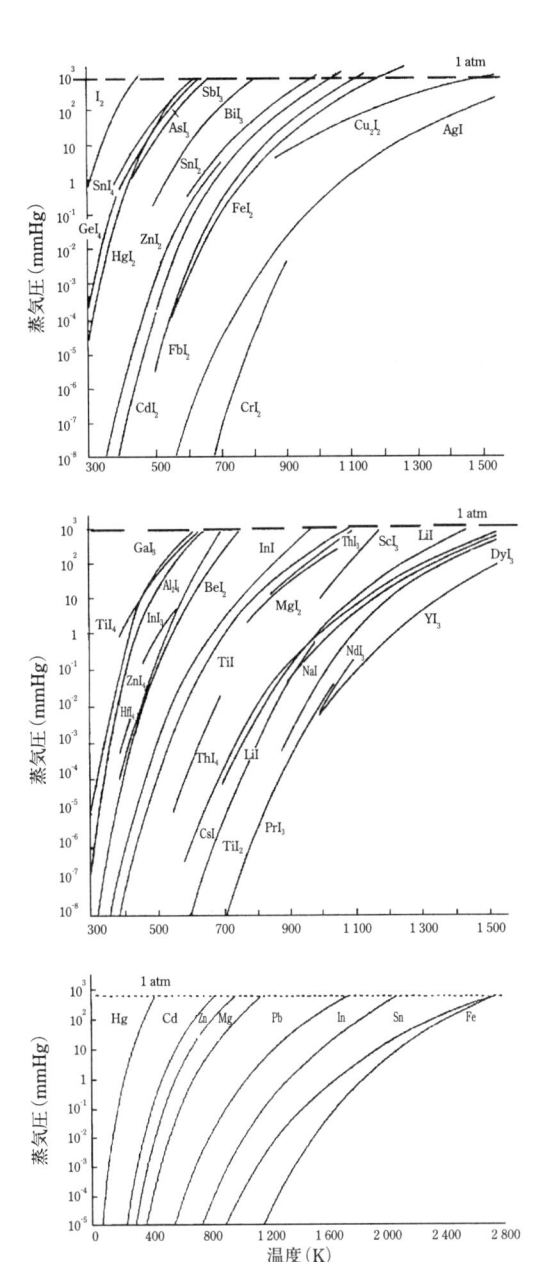

図 6 紫外線発生における化合物と元素の蒸気圧ダイアグラム

2. 利用可能なランプ技術

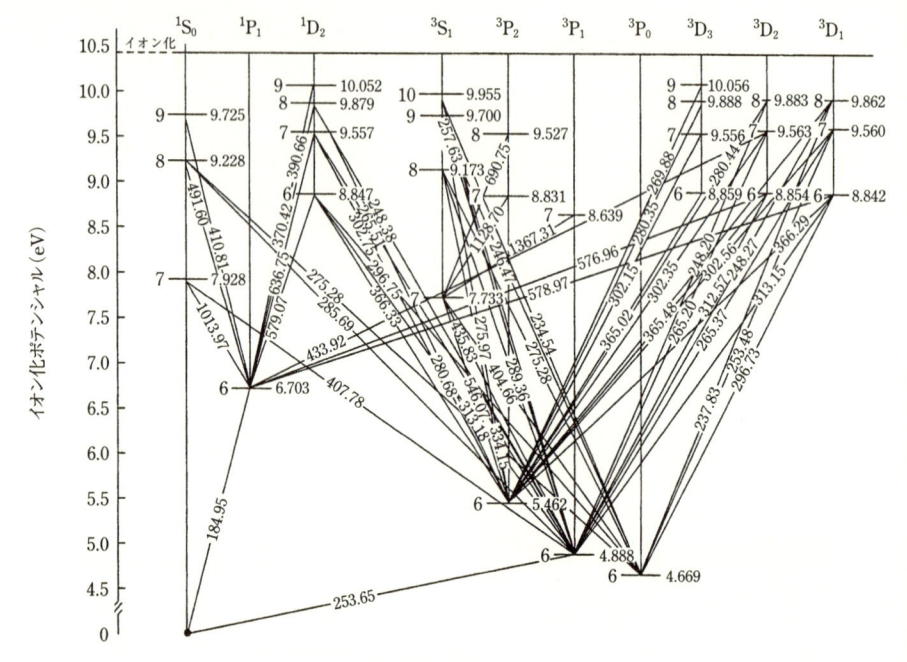

図7 水銀原子の Grotrian 図

表1 不活性ガスとイオン化エネルギー

元　素	イオン化エネルギー (eV)	最も低い励起状態のエネルギー (eV)
水銀	10.4	4.77
キセノン	12.1	8.32
クリプトン	14.0	9.91
アルゴン	15.8	11.6
ネオン	21.6	16.6
ヘリウム	24.6	19.8

通常，封入ガスは，水銀のガス圧力を上回る。しかし，あまりに過剰であると，電子のエネルギーは，封入ガス原子との弾性衝突により消失することになる。このことは，熱的損失により放射収率を減少させる。

2.3 現在利用できる商用ランプ

2.3.1 低圧水銀ランプ

　水銀ランプは，異なる水銀のガス圧力で操作される。紫外線発生のための低圧水銀ランプは，通常，全体としてはわずかなガス圧力 $10^2 \sim 10^3$ Pa（0.001 〜 0.01 mbar）の範囲において操作される。そして，キャリヤガスの圧力は，それよりずっと高く 10 〜 100 倍である。低圧水銀ランプの液体水銀は，常に想定される熱的平衡状況で過剰の状態で存在している。

2.3.2 中圧水銀ランプ

　中圧水銀ランプは，$1 \times 10^5 \sim 3 \times 10^5$ MPa（1 〜 3 bar）の総ガス圧力の範囲で働く。通常，中圧水銀ランプの操作状況で，過剰の液体水銀は，永久に存在しない。

　低圧および中圧の両方のランプは，5 000 〜 7 000 K のランプ内部温度でのプラズマ放射に基づく。低圧では，電子温度はガス温度より高くなければならないが，中圧では，電子温度とガス温度は平衡になる（**図 8**）。ガス混合の正確な構成，少量の

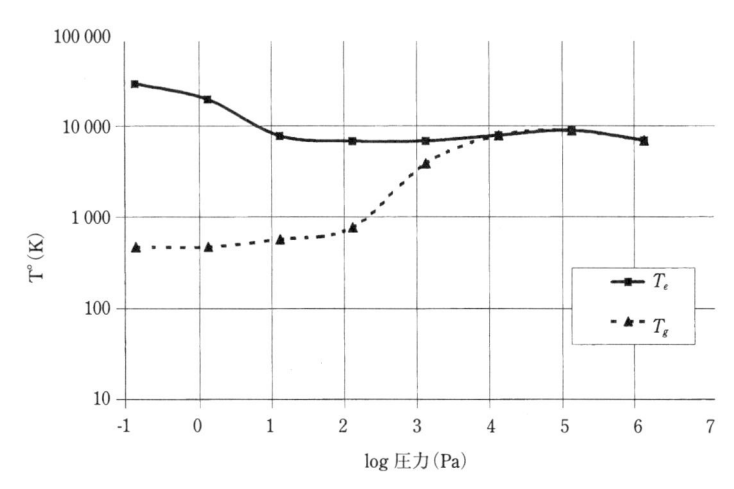

図 8　水銀放射ランプのプラズマ温度（概略）（T_e：電子温度，T_g：ガス温度）

元素，電源供給パラメータに従い，例えば，中圧水銀ランプの紫外線放射の範囲は，ブロードバンド放射あるいはマルチウェーブ放射（詳細については **2.4.2.3**）に修正される。

2.3.3 高圧水銀ランプ

高圧水銀ランプは，水の処理ではあまり扱われない。このランプは，圧力（全体の）が最高 10^6 Pa（10 atm）で働く。そして，水の消毒または特定の光化学反応のような応用には適切でない連続のスペクトルを発生する。

2.4 利用可能なランプ技術

本節では，特に低圧水銀ランプと中圧水銀ランプについて，そして次に特殊な技術について述べる。フラッシュランプとエキシマ（excimer；励起二量体）ランプの開発に関心が持たれているが，大規模な水処理のための重要な方法はまだ見つけられていない。

> 注：紫外線ランプの圧力に関する用語については，文献の中にも若干の混乱がある。光化学的作用の利用（水処理としてふさわしい分野）では，分類としては低圧である。中圧，それは結局，高圧に属する。照明に関連する時は，低圧，高圧，より専門用語として超高圧という。このようなわけで，水処理に利用する実際の分野では，中圧と高圧の水銀ランプは，同じ概念である。

2.4.1 低圧水銀ランプ技術

2.4.1.1 一般原則

低圧技術では，ランプ内側の水銀の分圧は，およそ 1 Pa（10^{-5} atm）である。これは，ランプ壁最適温度 40 ℃における液体水銀の蒸気圧と一致する。放電の発生プロセスを表す最も単純な方法は，電子と水銀原子との非弾性衝突による運動エネルギーの移動によって水銀原子のイオン化が起こるとみなすことである。

$$Hg + e = 2e + Hg^+$$

理論上,イオン化された水銀原子の割合は,放電電流の電子密度と比例している。しかしながら,電子-イオンの再結合が同様に起こる。このことにより水銀原子が再構成される。イオン化プロセスの全体は,特にランプの放電開始時に封入ガスのペニング効果の役割が重要である。

$$e + Ar = Ar^*(+e)$$
$$Ar^*(+e) + Hg = Hg^* + e + Ar$$

放電の永続する状態では,低圧水銀蒸気のプラズマ内の電子には,1回のステップにおいて直接のイオン化を引き起こすのに十分な運動エネルギーはない。そして,何回かの衝突は,中間的な励起した水銀原子の形成に必要である。

$$e + Hg = Hg^*(e)$$
$$Hg^*(e) + e = 2e + Hg^+$$

光子が発生する反応は,次のとおりである。

$$Hg^*(励起状態) \rightarrow Hg(基底状態) + h\nu$$

あるいは,

$$Hg^*(励起状態) \rightarrow Hg^*(より少ない励起状態) + h\nu$$

これら許容される量子は,水銀の Grotrian 図において示される(図 7 参照)。励起した電子状態の中で,原子による光子の放射は,逆にも起きる。これは,ランプのプラズマから逃げる前に,発生した光子がもう一つの水銀原子によって再吸収されることを意味する。この現象は,自己吸収と呼ばれていて,ガス相でのイオン濃度が増加した時,自然と重要になる。そして,光子がランプの外に放出されるまでの経路は,あたかも直径の太いランプのようになる。水銀ランプにおいて,自己吸収は,185 と 253.7 nm の紫外線にとって最も重要である。低圧水銀技術では,全体として,放射-吸収における逆現象は,プラズマ内部からよりもランプ壁の近くの高い放射率によって決められる。低圧水銀ランプは,通常,円筒形である(扁平ランプ技術を除いて。2.5.1 参照)。ランプは,直径 0.9 〜 4 cm,長さ 10 〜 160 cm までの範囲において利用される。管状の放射ランプの長さ方向に沿って放電の電場は均一ではない,そして,いくつかの帯域を識別することができる(図 9)。

陰極で発生した強さが徐々に弱まるのに伴って陰極の側に約 1 cm のファラディ(Farady)暗部ができる。安定したランプ圧力では,ファラディ暗部は一定のままであるが,放射する陽光柱部分はランプの全長に広がる。これは,短いランプでは役立つ放射

2. 利用可能なランプ技術

長が長いランプに比べて不足していることを意味する。この現象を考慮して，短い低圧水銀ランプを必要とする場合，幾何的な条件に合致するようにU形に曲げたランプが作成された(図10)。

図9 円筒型ランプの放電領域

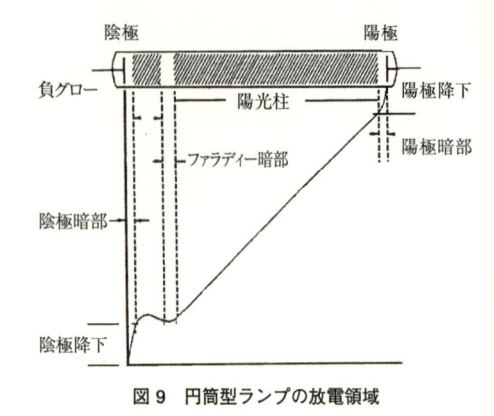

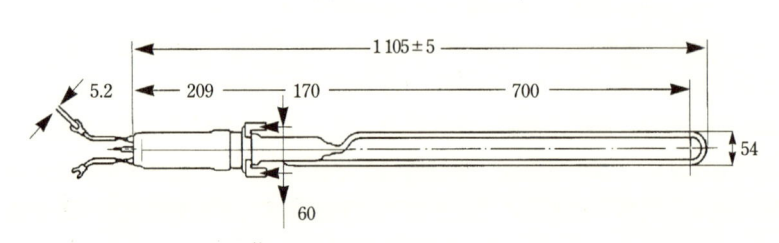

図10 U型と曲げ型低圧水銀ランプ［寸法は工場仕様(mm)］

2.4.1.2 電源供給システム

実際問題として，ファラディ暗部のために，低圧水銀ランプでは絶えず交互に陰極と陽極に交流電源で供給される。さらに，イオン化は，約1msの寿命の電子-イオン対を生成する。しかし，電子は，電圧低下によってμsの範囲内で運動エネルギーを失う。適度な周波数でランプが操作されるので，電流の1/2サイクルの反転時に，放射は実際に消される。これは，中圧技術と対照的である。

電力の一般的な供給として，冷陰極あるいは熱陰極タイプがある。冷陰極タイプは，

プラズマに向け電子が放たれ，陽イオンによって陰極が衝撃を受けるため，鉄あるいはニッケルによる強固な電極（一般に）の構成となる。これは，高い初期電圧（最高 2 kV）が必要なことを意味する。そして，それはメイン電源によって直接供給されない。冷陰極タイプは，水の処理においてあまり実用的でない。

熱陰極タイプは，アルカリ土類金属の酸化物で被覆されたコイル状のタングステン線から構成されており，電極からの電子の熱的な放射に基づく。酸化物としては，CaO，BaO または SrO である。陰極が熱くなると，被覆された酸化物は，金属（例えば，バリウム）の層をつくり出し，そして，約 800 ℃で十分に電子を放出する。普通の操作では，電極の温度は 2 000 ℃に達する。熱陰極ランプは，低い電圧範囲［例えば，メイン電圧（ヨーロッパでは 220 V）］でも始動できる。熱陰極の技術は，蛍光ランプに類似して，おそらく必要な放電温度を確保するように設定できる。熱陰極ランプタイプの電源供給の典型的な例を**図 11** に示す。

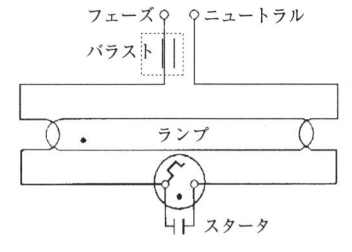

図 11　典型的な低圧水銀ランプの電力供給システム

2.4.1.3　放射強度に影響を与える要因

(1)　電　圧

メインによる供給電圧の変動の効果は，低圧水銀ランプの紫外線放射収率に直接の影響を持つ（**図 12**）。

(2)　温　度

ランプの外側の温度は，放射収率に直接の影響を与える（**図 13**）。温度，それ自体は，周辺的な効果を持つだけである。しかし，ランプの内部の壁に沿って水銀の平衡蒸気圧力に直接影響する。あまり低いと，水銀の蒸気は冷やされて，部分的に凝縮され，そして，放射収率は落ちる。

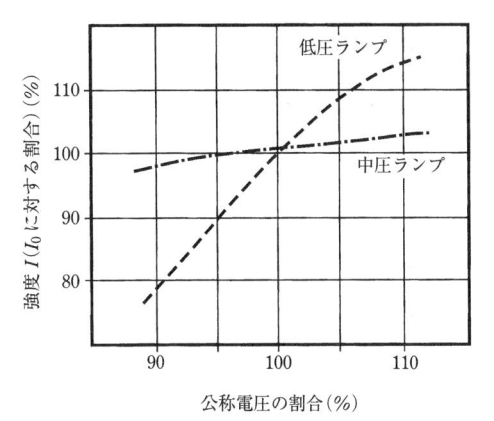

図 12　紫外線出力（254 nm 測定）における供給電圧の影響（注：一般に，また本書においても 253.7 nm を 254 nm とも表示する）

2. 利用可能なランプ技術

あまり熱いと，液体水銀が余分にある限り水銀圧力は増加する。そして，それに応じて自己吸収が増加し，放射収率は低下する。水銀の最適圧力は，およそ 1 Pa であり，最適の温度は，およそ 40℃である。

図 13 の曲線①は空気と，曲線②は水と接触しているランプの状態である。横座標は，温度で示される。それらは，空気と水との熱容量の違いと一致している。

水処理の実用化への重要な結論は，水で冷却される効果を加減するために，ランプが望ましくは石英管の内に設置され，空気が自由に循環する端部開放でなければならないということである。冷えた地下水が扱われる時，このことはより重要である。温度の影響は，ハロゲン化物と会合した，あるいは会合しないアマルガムを使うことにで加減することができる（後述するインジウムをドープした扁平ランプ技術と SbI_3-A ランプ技術を参照されたい）。

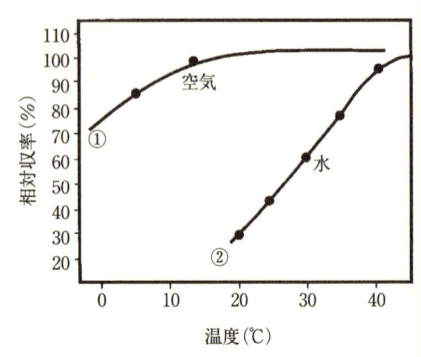

図 13　典型的な低圧水銀ランプの 254 nm 紫外線放射の温度効果

（3）ランプの劣化

低圧水銀ランプの劣化の特性の典型的な例を図 14 に挙げる。初めの100〜200 h の操作の段階で最初の放射収率の低下が起こる。その期間以後，放射は何箇月も安定化する。

劣化の主な原因は，ランプ壁材料の感光（solarization）である。この現象は，光学ガラスの方が石英よりも速い。第二の原因は，電極からのスパッタによる酸化物の付着による黒化である。一般的な条件下では，低圧水銀ランプは少な

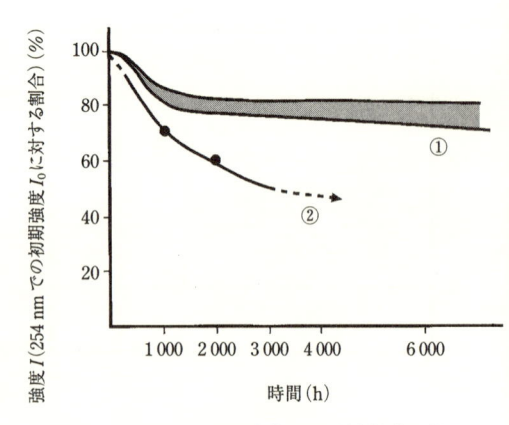

図 14　254 nm における劣化による放射収率の低下（①：従来の低圧水銀殺菌ランプ，②：インジウムをドープしたランプ）(1992 年時点)

くとも1年間十分に活用できる。

　注：1回のオン-オフ操作は，設計上1hの操作と等しい劣化を与える。

　低圧水銀ランプの劣化に対して光化学的な酸化プロセスに関連した185 nmの放射については，第4章を参照されたい。

2.4.1.4 典型的な放射スペクトル

　ごく普通の低圧水銀ランプ放射スペクトルを図15に示す。スペクトルは，線または輝線タイプである。放射は，性質のよくわかった線の限られた数に集中し，そして光源は単色である。253.7 nmと185 nmでの共鳴線は，とりわけ最も重要なものである。300 nm，それ以上の線は，水の処理では無視できる（水銀蒸気圧が高くできれば，それらはわずかに意味を持つ）。253.7 nmの線は，放射される全紫外線強度のおよそ85％を占め，直接，消毒に役立つ。

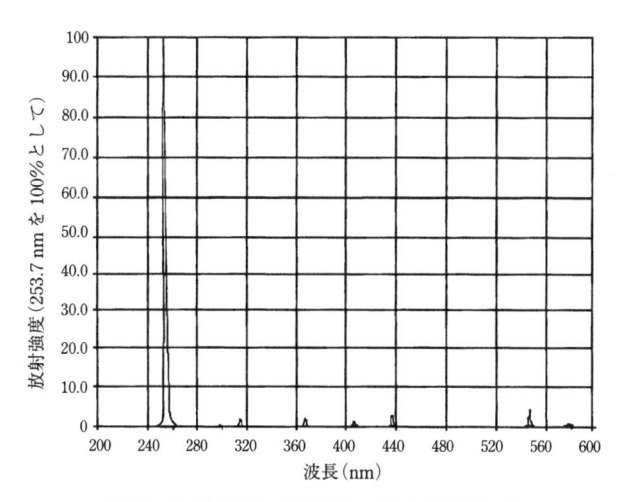

図15　低圧水銀ランプの放射スペクトル（殺菌ランプ）

　185 nmの線は，消毒には直接役に立たず，特に除去される。なぜなら，酸素分子の分解により水中の有機化合物と別の反応を促進するためである。この除去は，二酸化チタンを混入した石英，または光学ガラスのような適当なランプ材料を使うことによって達成できる。

　最も重要な254 nm（100％として対比）と各相対放射強度は，従来の低圧水銀ラン

プに対して**表2**に示す範囲にある[すなわち，CalvertとPitts(1966)によれば，いわゆる殺菌ランプである]。

表2 低圧水銀ランプの放射強度

λ (nm)	放射強度（相対値）	λ (nm)	放射強度（相対値）
184.9	8	289.4	0.04
296.7	0.2	405.5〜407.8	0.39
248.2	0.01	302.2〜302.8	0.06
253.7	(100)	312.6〜313.2	0.6
265.2〜265.5	0.05	334.1	0.03
275.3	0.03	365.0〜366.3	0.54
280.4	0.02		

2.4.1.5 光化学的な収率

グロー(glow)帯における特定な電気的負荷(たいていW/cmで表される)は，0.4と0.6 W(e)/cmの間である。消毒のための適切なランプにおける長さ当りの総紫外線放射量は，0.2〜0.3 W(UV)/cmの範囲にある。紫外線の一般的な効率設計では，総紫外線W(UV)放射量とW(e)入力との関係は，0.25と0.45の間にある。エネルギー損失は，主に熱(およそ90％)による放出と，可視光線[そして，赤外線(IR)]の範囲での光の放射である。

> 注：グロー放電水銀ランプ(**図16**)は，0.85 W/cmまで高い特別な電気的負荷を必要とする。そして，低い線形の出力を持っていて，0.01〜0.015W(UV)/cmの範囲で，紫外線効率はおよそ1.5％である。この種類の紫外線光源は，水処理のためには設計されておらず，単に研究所の実験のためである(Massehelein et al., 1989)。

低圧水銀ランプにおいて，放射された紫外線に対し全体的なUV-Cの割合は，総紫外線量の80〜90％までの範囲にある。これらのデータは，消毒対ランプ放射能力において役立つ紫外線の比率を決定する(第3章を参照されたい)。

線形に(UV-C)紫外線放射を増やすことは，設置されるランプの数を減らし，水処理に利用できる低圧水銀ランプ技術を向上させるための挑戦である。ランプの冷却

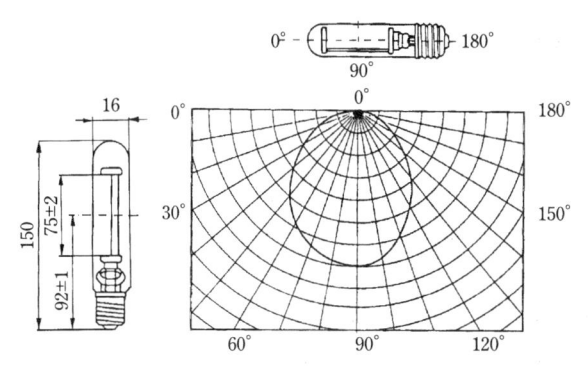

図16 グロー放電水銀ランプ[4, 6, 8 W (e)] (Phillips)

部分によって，より高いランプ温度，それゆえに，より高い放電電流でさえ，ガス状の水銀（すなわち，最適条件の40℃での平衡圧力）を低い圧力に維持することが可能である。

設計（Phillips, 1983, p.200）は，自己吸収を減らし，ペニング混合ガスとして300 Paでアルゴンを少量含んだネオン（全体のガス圧力の1％未満）を使って細い管で行われた。ガスは，電極の後の冷却部において冷やされる（Sadoski and Roche, 1976）。

もう一つの設計（図17）では，紫外線収率は，1〜4 mまでの長いランプをつくることによってさらに増加することができる。管は，大きな流量の処理において設置に必要な場所を減らすために曲がった形である。ユニット当り75〜150 m^3/hの処理ができる。特定な電気的負荷は，グロー帯で10〜30 W/cmまで変動することができる。紫外線効率範囲は253.7 nmで，およそ90％の放射で，$\eta = 0.3$である。高い温度を考慮すると，100〜200℃の放射帯において，また高い放射密度において，高収率ランプは，従来のものより速い劣化を生じる。現在では4 000 hの効果的な寿命が得られており，そして，製造業者も寿命の延長のための努力をしている。

図17 小口径，マルチベント型，高強度の低圧水銀ランプ

もう一つの技術については，2.5.1と図24と図25を参照されたい。

2.4.2 中圧水銀ランプ技術と高圧水銀ランプ技術

2.4.2.1 概　　説

　中圧水銀ランプは，全ガス圧力 $10^4 \sim 10^6$ Pa の範囲で働く。放電アーク（可能な範囲は，5 000 〜 7 000 K である）における 6 000 K の設計上の操作温度においては，ランプの中のすべての水銀はガスである。したがって，ランプに注入される水銀の正確な量は，製造業者の挑戦のひとつである。

　水銀ランプのための電子温度とガス温度の全体的な妥協は，図 8 に示している。現状の技術では，中圧水銀ランプの最も低い温度部分（壁の温度）は，およそ 400℃であるといえる。安定した操作におけるランプ本体の温度は，600 〜 800℃の範囲にある。

　これらの操作の温度は，ランプ表面での水の直接接触を絶対に避けるために必要なランプの石英囲いを利用し，開放（おそらく，穴を開けて）して利用される。ランプの総熱損失は，Waymouth の公式によって与えられる（Waymouth，1971）。

$$H = 4 k_p (T_0 - T_w)$$

ここで，T_0：ランプの中心の絶対温度，

　　　　T_w：ランプの壁の絶対温度，

　　　　k_p：水銀の熱伝導率。

H は，9 〜 10 W/cm の範囲である。

　ランプの中心がおよそ 6 000 K で，壁が 1 000 K であるので，放射状の温度分布がある。この分布は，放物線状の形で，ランプの中心軸から始まって低下する分布 $F(r_2)$ である。プラズマの本当の放射部は，ランプの外側の直径 2／3 の所に位置するものと考えられる。

　正確な水銀の使用量は，Elenbaas（1951）によると，ランプ直径［d(cm)］の関数として，囲まれた水銀の質量（m）（mg／アーク長 cm）に実験的に水銀蒸気圧（設計上の到達）を相関させる式で与えられる。

$$P(\text{パスカルで}) = (1.3 \times 10^5 \times m)/d^2$$

放射帯において効果的な水銀圧力は，大部分は 40×10^3 Pa の範囲である。

　さらにワット数と全水銀の関数として，平均した潜在的な勾配（V／アーク長 cm）に相関させる関係が公式化された（Lowke and Zollweg，1975）。

$$E(\text{V/cm}) = \frac{P^{1/2}}{(P - 4.5\, P^{1/4})^{1/3}} \times m^{7/12} \times d^{-3/2}$$

ここで，P：$W^{1/6} \times m^{7/12} \times \text{cm}^{-9/4}$。

中圧ランプは，5～30 V/cm までの潜在的な勾配範囲において働く。20 W/cm のウォーミングアップ値を考慮することによって，前の関係から約 1 mg/アーク長cm の蒸発する水銀の量が見つけられる。囲まれる水銀の総量は，5～10 mg/cm である。

2.4.2.2 紫外線の放射

中圧水銀ランプの放射は，多色放射(図 18)で，紫外線領域での一連の放射からなる。そして同様に可視光線と赤外線の範囲(表 3)においても放射が生じる。

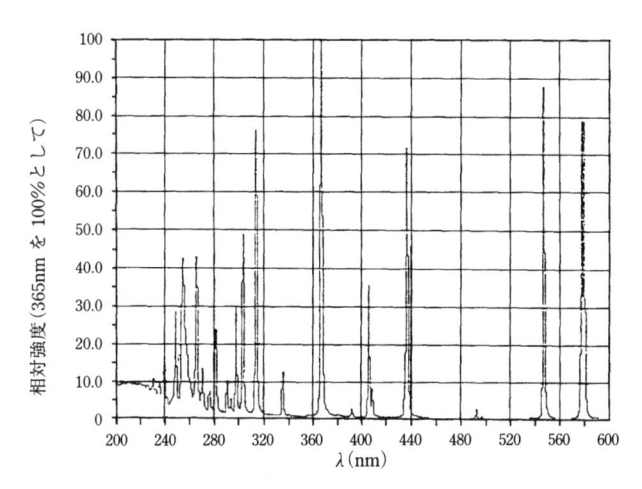

図 18 中圧水銀ランプの典型的な放射スペクトル

注：UV-C 範囲において放射を最適化し，その結果，反応と消毒能力を最適化するため，ブロードバンドとマルチウェーブ中圧ランプが Berson によって開発された。この技術における放射の例を図 22 に示してある。

200～240 nm までに，一つの連続の放射を観察することができる。もし，応用において使用されるなら別ではあるが，これはランプ壁材料によって通常切り離される。

Elenbaas(1951)は，電力の入力関数として，全体に放射される放射パワーを測定し，そして 2 つの相互関係を提案した。

$$P(\mathrm{rad}) = 0.72\,(P_e - 10)$$

と

$$P(\mathrm{rad}) = 0.75\,(P_e - 4.5\,P_e^{1/4})$$

この関係は，総強度の 65%の放射収率を確証する。しかしながら，強度の一部だけが

2. 利用可能なランプ技術

必要な特定の紫外線範囲で，そして潜在的に消毒に役立つ。

2.4.2.3 入力電圧と紫外線出力

中圧水銀ランプの電極構造と材料は，厳しい条件に合わなければならない。陰極の温度は，およそ2 000℃である。ガラス状のシリカの壁の厚さは，1～2 mm である。中圧水銀ランプの概要を**図19**に示す。

紫外線放射は，ほぼ直接，入力電圧と比例している。また，さらにランプの平均入力（高電圧）を決定する。相互関係は，160と250 V（メインの電圧）の間で保たれる。IとW(e)，正確な相互関係は，安定器と変圧器に依存する。しかし，装置の与えられた条件に対して，相互関係がだいたい線形である点

表3　中圧水銀ランプによって放射される主なスペクトルバンド

λ(nm)	水銀のエネルギー準位(eV)	相対強度		
		a	b	c
248.3	9.879～9.882	46	28	21
253～260	4.888	5	43	32
265.3	9.557～9.560	10	43	32
269.9	10.056	10	12	9
280.3	9.888	10	24	18
296.7	8.847	20	30	23
302.3	9.560～9.565	40	48	36
313	8.847～8.854	100	75	56
365	8.847～8.859	71～90	100	75
404.7	7.733	39	36	27
407.8	7.928	6	8	6
435.8	7.733	68	71	53
546.1	7.733	80	88	65
577	8.854	82	—	—
579	8.847	83	78	59

注）　Grotrian 図に従った遷移。
a　313 nmを100%とするランプ（Philips HTQ-14）。紫外線 200 W 出力，310～315 nm の5 nm 範囲の100%に相当。
b　365 nmを100%とする（Hanau Mitteldruckstrahler）。200～240 nm では 365 nm に対して約10%の連続放射。
c　a に対する b の収率比較。ファクター0.75を適用。

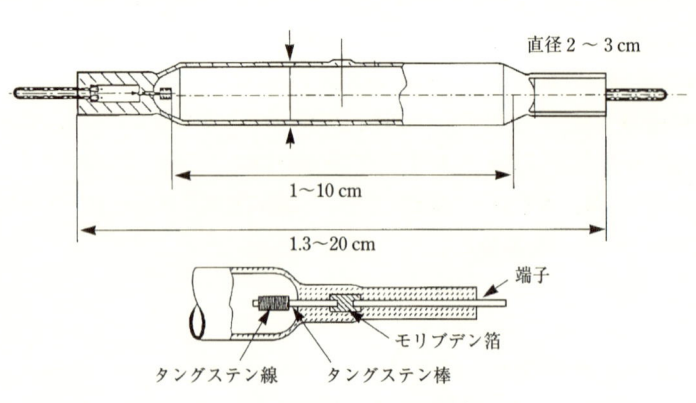

図19　中圧水銀ランプの一般構造（例）

（直径2～3 cm，1～10 cm，1.3～20 cm，端子，モリブデン箔，タングステン線，タングステン棒）

に注意することは重要である。

　小さいランプ(すなわち,最高 4 kW)は, 220/380 V の主電流との連結により操作することができる。パルスの開始には 3 〜 5 kV が必要である。より高いランプ出力のために高出力の変圧器が必要である。ランプ出力を自動的にモニタリングする方法があるので,後者はどのようにでも対応できる。ランプに高出力の供給を増やすと,紫外線の放射は,それに応じて増加する(図 20)。

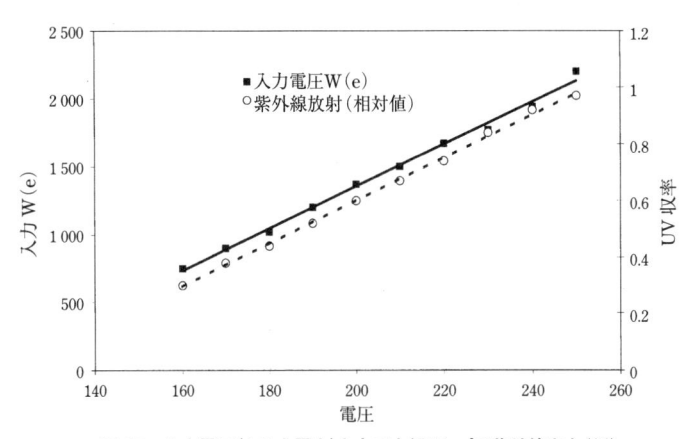

図 20　入力電圧(と入力電力)と中圧水銀ランプの紫外線出力(例)

　そのほかに,ランプ電極材料は,低い熱膨張率(5×10^{-7}/K)を持たなければならない。現在の技術では,電極接続はモリブデンの薄いシートからなり(厚さ 75 μm 未満。熱膨張係数 5×10^{-6}/K),端は石英でシールされている。そして,ランプの中でタングステン線によってタングステン棒に囲まれ接続される。設計上の操作状況で,陰極温度は 350 〜 400℃で変動し,しかし,チップ(アーク点)における温度は 1 500 〜 2 000℃である。

　陰極からの普通(すなわち,設計上の)の熱イオン放射は,次式によって与えられる。

$$J = AT^2 \exp -f\left(\frac{e}{kT}\right)$$

ここで,　J：電流密度(A/cm^2),
　　　　　T：絶対温度(K),
　　　　　e：電荷(1.6×10^{-19} C),

2. 利用可能なランプ技術

k：Boltzmann 定数（1.372×10^{23} J/K），

A：120 A/cm$^2 \cdot$ K^2 の範囲で純粋な金属に対しての電極材料の放射係数，

f(eVおける)：与えられた電極表面のために，熱イオン的な放射率を相関させた実際的な仕事の関数。

f の値は，タングステンで 4.5 eV である。この高い値を減らすために，酸化物の被覆は，アルカリ土類金属の酸化物またはトリウム酸化物で，電極線の巻線の間でつくられる。操作の間，酸化物は，電極棒の端部へ移動する元の金属(Waymouth, 1971)の形成を通じ，タングステンによって還元される。物質から電子を出すための仕事関数は，純粋なバリウムで 2.1 eV，純粋なトリウムで 3.4 eV までに減らされる。しかしながら，タングステン上のバリウムの単層は，1.56 eV の仕事関数を持ち，タングステン上のトリウムは 2.63 eV である(Smithells, 1976)。これは Ba/W と Th/W に対する放射係数をそれぞれ 1.5 と 3.0 A/cm$^2 \cdot$ K^2 の範囲にする。これらの係数は，ランプの良好な電気的なスタート条件を可能にする。

高い電圧（また，電力）の増加で，放射強度は増え，そしてモニタリングと自動化が可能である。しかしながら同時に，スペクトルのバンドが広がるので，適切に計算されなければならない。全体として管理は，コンピュータで自動化されている。広げられた紫外線放射スペクトルの典型的な例を図 21 に示す。

開始時には，ランプは主に 185 と 253.7 nm での共鳴線付きの低圧水銀ランプと同じタイプの紫外線を放射する。放射は，図 18 と図 22(a)，(b)に示されているように次第に多色放射のタイプとして展開する。

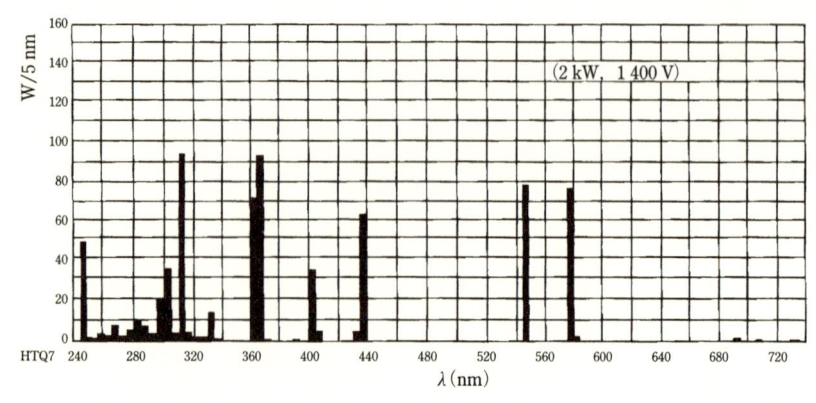

2.4 利用可能なランプ技術

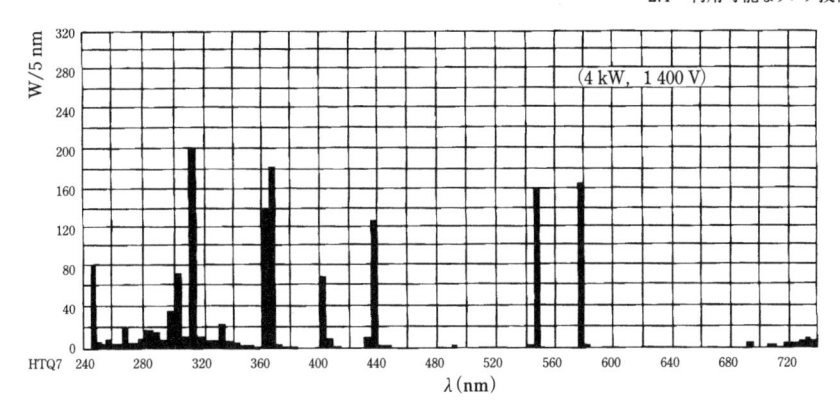

図 21 中圧水銀ランプへの入力増加に伴う放射促進（オランダ Eindhoven の Philips の記録より）

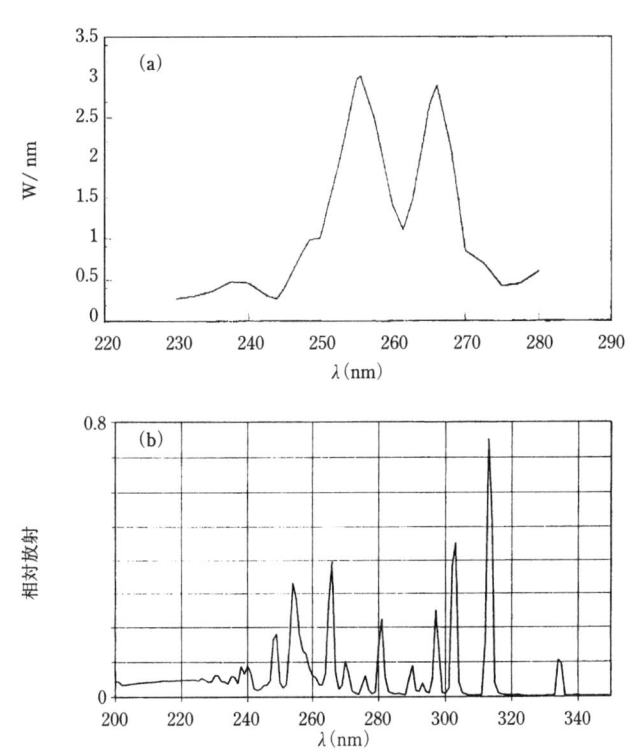

図 22 (a)中圧ブロードバンド水銀ランプの放射（オランダ Neunen の Berson Milieutechniek の記録より）。(b)最近の Berson のマルチウェーブ，高強度の中圧ランプの放射（220 nm 以下の比較的低い放射と 300 ～ 320 nm 範囲の寄与を考慮）

2. 利用可能なランプ技術

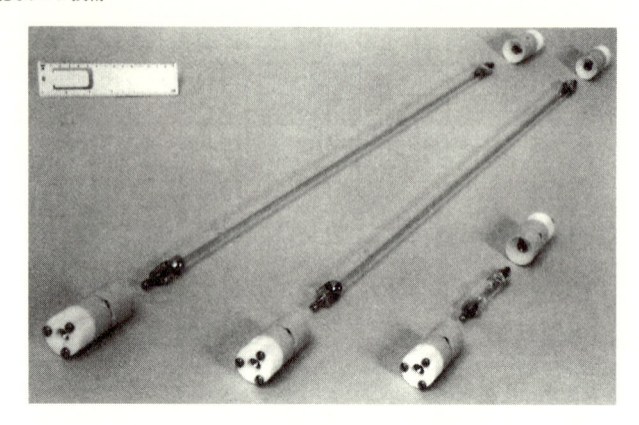

図 23 典型的な Berson ランプ

図 23 に Berson の中圧ランプの例を示す。

中圧技術では，全体的に 220 nm（時々，分子放射と呼ばれる）あたりの連続で，多分，原子と電子の衝突による制動放射（Bremsstrahlung）によるものであろう。この連続の重要性は，水銀圧力の 2 乗に関係がある。そして，その形は水銀圧力にも依存する。もし目標が消毒で，光化学的酸化でないならば，220 nm 未満の完全な範囲は，ランプ囲いの材料によって除去することができる。

2.4.2.4 劣　化

少なくとも 80％の殺菌波長の放射を維持する従来のランプ寿命は，一般に操作時間として 4 000 h である。最近の技術では，8 000 h から 1 万 h へと寿命が延びた。また，時間を経過することは大きな問題で，スペクトルが修正されることになる。図 24 は，古いランプと新しいランプにおいて対象とする波長における相対的な出力の変化を示している。

最も最近の開発では，電気的なパラメータの最適化によって光の 30％まで UV-C の範囲に放射するランプの生産を可能にする。これらのランプは，120 ～ 180 W/cm までの電気的負荷で操作される。

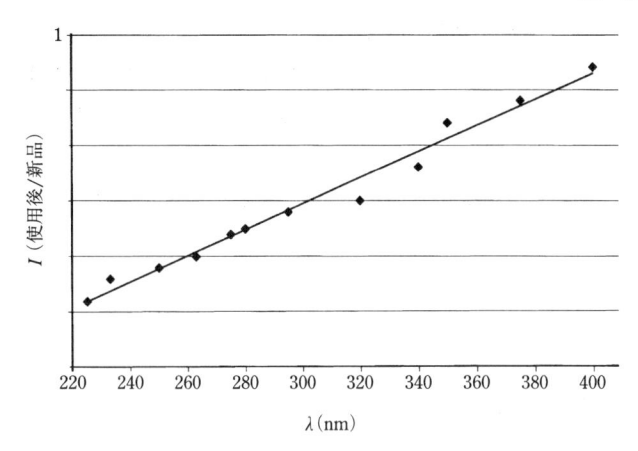

図24 中圧水銀ランプの劣化(4 000 h 連続使用)におけるスペクトル変化

2.5 特殊ランプ技術

2.5.1 扁平ランプ技術

円筒形でないランプからの放射に関連する理論上の観点は,早い時期にまとめられている(Cayless, 1960)。Power Groove ランプ(General Electric 製)は,扁平なU形のランプで,同等の円筒形ランプより高い放射を与えるといわれている(Aicher and Lemmers, 1957)。

扁平ランプ技術は,ドイツ Hanau の Heraeus 社から発売されている。低圧水銀ランプのこの特定の技術は,平らな断面(図25の長短比率2:1の楕円の軸)を持った構造を基本とする。このデザインは,円筒形の構造と比較して外側の表面積を増やす。周囲の冷却は,それに応じて改善される。

与えられたガス体積に対して,ランプの内側の光子の飛行距離は等しい円筒形の体積での距離より小

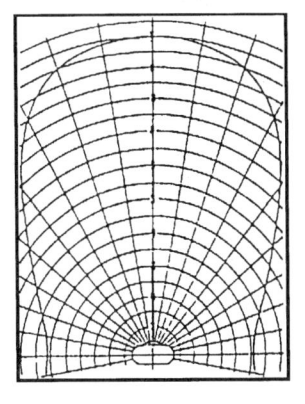

図25 扁平型ランプの光子の分布の概要 (Egberts, 1989)

2. 利用可能なランプ技術

さい，そして，再吸収の可能性はそれに応じて減らされる。スペクトルの分布は異なる（また，図25, 26を参照されたい）。これらの構成要素の重要性については，3.2.3を参照されたい，しかし，寿命は従来のランプと同じである。平らな側での放射は，側面よりおよそ3倍高い。技術的な面は，従来の低圧水銀ランプと同じであるが，インジウムをドープした水銀を用いたSpectratherm®（商品名）が製造されている。Spectratherm®は，可能であるより高いプラズマ温度で操作できるように点冷却で構成されている。この熱的な変形は，10から70℃への温度の範囲において，水と直接接触して，ほとんど一定の放射収率で働くことができる。これは，飲料水処理と同様に，空調と水浴の水処理のためにさらに適切な構造でつくられている。

より製造に容易な円筒形のものは，全体的に同じ強度を発することができる。扁平ランプ技術において，平らな側で放出される比較的より高い強度は，曲がった側面の低い放射に関係させられる。

現在まで，扁平ランプは，最大で長さ112 cmのものがつくられた。扁平ランプで放射される全体の紫外線は，0.6～0.7 W (UV) / アーク長cmの範囲である。比較を図26に示す。同じような総体的な収率が円筒形ランプでも得ることができる。

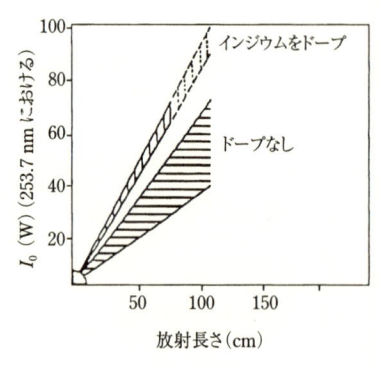

図26　扁平型低圧水銀ランプの放射
(Egbert, 1989)

2.5.2　インジウムドープランプとイットリウムドープランプ

低圧水銀ランプ装置の設計と操作における困難のひとつは，放射強度の温度依存性である（図13参照）。この問題を解決するためにドープしたランプが開発された。インジウムのペニングガスをドープすることでより安定した放射を得ることができる（図27）。また，水銀ランプに対するドープは，アマルガムの形からでもできる。イットリウムドープランプ（Philipsにより）は，Altena (2001)によって提案された。これらのランプは，Spectratherm®と同じように温度依存性から脱却した同様の性能を持っている。

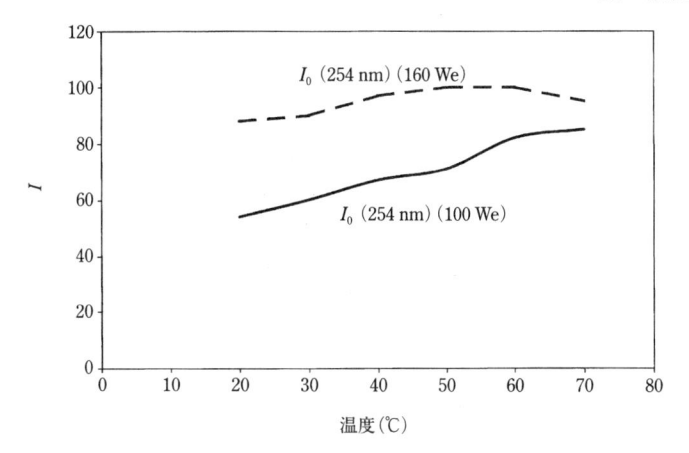

図27 インジウムをドープしたランプの 253.7 nm における放射(Egbert, 1989。Spektratherm®。Spektratherm® はドイツ Hanau の Heraeus の登録商標)

2.5.3 キャリヤガスドープランプ

ペニングガスの成分を変更することにより放射収率を修正することができ，時には改良される。しかし，また放射された光のスペクトルを変えることができる。ネオンはアルゴンよりも高い電子拡散能力を持つ。ペニングガスにアルゴンを混ぜたネオンを取り入れると，より開始が容易に行えて，そして，線形の放射増加をもたらす(Shadoski and Roche, 1976)。電極の後の位置にある濃縮チャンバは，最適の水銀蒸気圧を保つために必要である。

2.5.3.1 キセノン放電ランプ

中圧の範囲におけるキセノン放電ランプ(高圧まで，すなわち 10 kPa)は，太陽からの放射と似たスペクトルを放射する(図 28)。

200 〜 240 nm における放射を利用する多くの技術は，キセノンで修正されたペニング混合を基本としてドイツ Hanau の Heraeus 社によって開発された。スペクトルの分布を図 29 に示す。

2. 利用可能なランプ技術

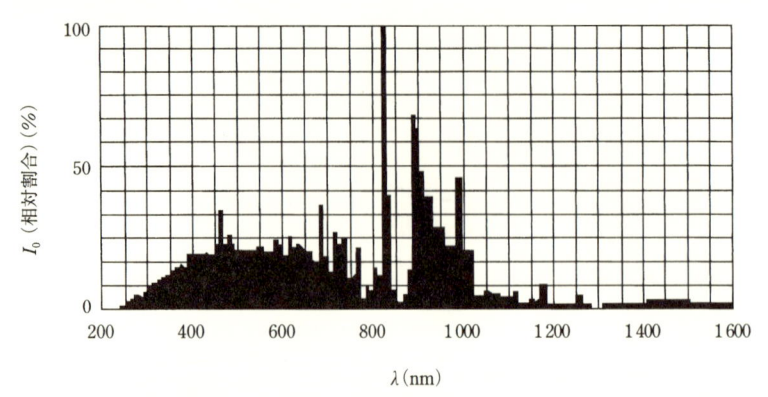

図28 キセノン放電ランプの光出力分布の比較（オランダ Eindhoven の Philips の記録より）

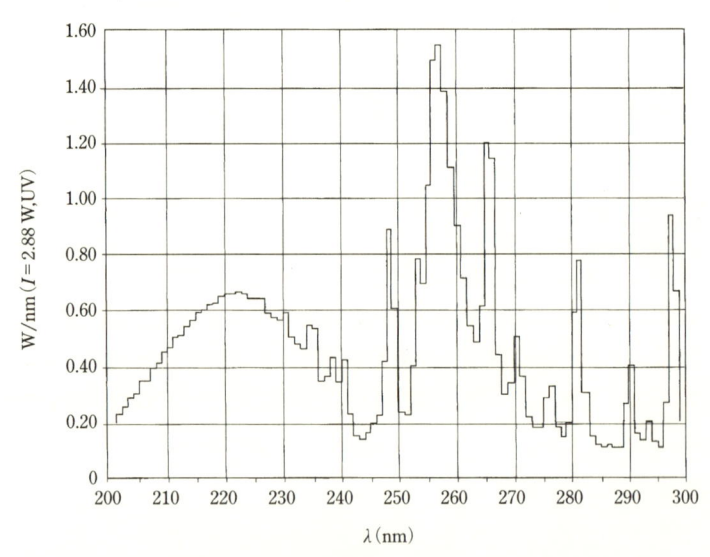

図29 キセノンでドープした低圧水銀ランプのスペクトル分布（ドイツHanauのHeraeusの記録より）

2.5.3.2 重水素キャリヤガス放電ランプ

重水素キャリヤガス放電（中圧から高圧まで）ランプは，特に 250 nm 以下，UV-C 範囲において放射を増やした（**図30**）。このキャリヤガス放電に基づくランプは，大容量あるいは大流量の水の処理における操作経費を考慮すると，まだ水処理に役立

つかどうかわからない。

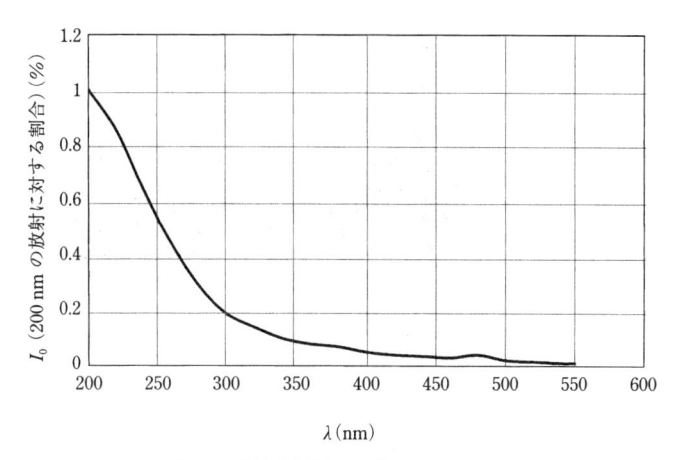

図 30　重水素放電ランプの典型的な放射

2.5.3.3　メタルハライドランプ

ペニング混合において金属ヨウ化物の添加は，スペクトル分布を変えることができる。技術的には，中圧-高圧のランプにおいて大部分が適用され，スペクトルは，次ような波長の範囲で多色性となる。

SbI_3：207 〜 327 nm　　CoI_2：345 〜 353 nm　　FeI_2：372 〜 440 nm

GaI_3：403 〜 417 nm　　MgI_2：285 〜 384 nm　　PbI_2：368 〜 406 nm

TlI_2：535 nm

水処理の実際におけるハライドドープランプの中では，本質的にヨウ化アンチモンのドープが興味深い。いくつかの条件では，キセノンあるいはネオンだけで，それ以外には充填ガスに水銀は使われていない(Schäfer, 1979)。ランプは 10^5 Pa の全体の圧力で操作され，3.5 〜 4.5 W/cm のグロー帯の高い線形出力において 12 〜 15％の収率で(全体の)紫外線を生成する。この高い線形出力は，より小さい反応器の製造を可能にし，また，紫外線放射は，−20 から ＋70℃ の範囲で温度には依存しない。速いオン-オフ操作は認められず，そして，放射は UV-C と UV-B 範囲（図 31）以上に広げられる。しかしながら，光源は非常に多色性である。評価された操作時間は，4 000 h である。

2. 利用可能なランプ技術

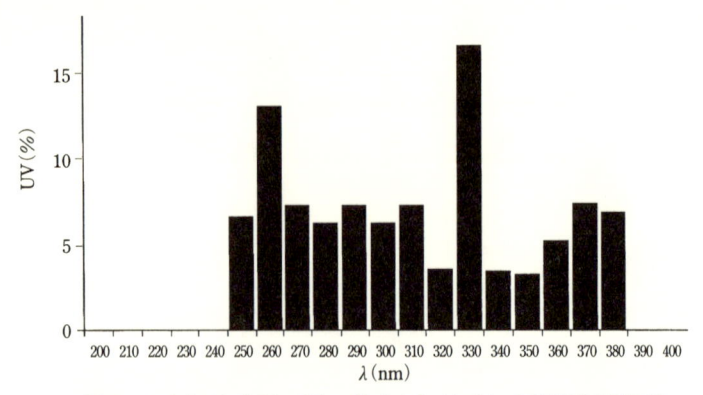

図31 ヨウ化アンチモンでドープしたキセノンランプの紫外線放射の例

2.5.3.4 キセノンフラッシュ出力ランプ

水銀蒸気ベースの出力ランプは，繰り返されるオン-オフ点灯（低圧力）によって，あるいはオフからオン点灯の間の遅れによって寿命を縮める。ペニングガス（現在では，キセノンがむしろ歓迎される）への電子放射の直接利用は，追加の費用によってよりしなやかなオン-オフ操作のものを製造できる（キセノンガスのイオン化ポテンシャルが 12.1 eV であるのを想起されたい。最も低い励起状態のエネルギーレベルは 8.32 eV である）。提案された技術（Inovatech 社）における相対的な単位で表される紫外線放射強度を図32に示す。放射の連続モードで働くように提案されたランプは，$200 \sim 300\,\mathrm{J/m^2}$ で放射する（波長に合わせ図32を参照）。全体的な放射収率 $W(h\nu)/W(e)$ は，$15 \sim 20\%$ であるといわれている。電子パルスは，1s のどこかで継続する（$1 \sim 30\,\mathrm{Hz}$。通常，技術的説明では，30 Hz あるいはパルスの間 $30 \times 10^{-3}\,\mathrm{s}$）。

単一のパルス相の最大では，最大パルス強度において $100 \times 10^6\,\mathrm{J/m^2}$ が得られる（図32参照）。4 kW(e) の円筒形ランプ（直径はおよそのところ 2.4 cm = 1 in）で構成されている単一ランプ技術は，円筒形の反応器（直径 34 cm）内に備え付けられ，そして $500\,\mathrm{J/m^2}$（キセノンランプの全放射スペク

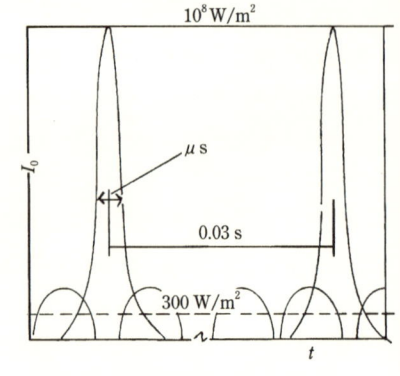

図32 パルス化されたキセノンランプの放射

2.5 特殊ランプ技術

トル)の推定線量で操作され,操作経費は,3.7 m³ 当り 0.6 セントと報告されている。しかしながら,ランプ(および,囲い)を取り替えるための経費は,さらにまた査定されなければならない。

　技術は,さらなる更新を必要とする。紫外線殺菌の範囲の放射に従うと,その潜在的な効率は,まず確実で,かつ予備的なものとして確立している(ブロードバンドの紫外線放射)。しかしながら,多くの未知のデータは,十分に評価される技術のために開発されるべきである。

・ランプとランプ材料の劣化(20×10^6 のフラッシュ,あるいは約 170 〜 190 h の操作といわれるランプの予期寿命,または最大 1 箇月であるといわれる予期寿命,など)。
・エレクトロニクスのために必要な条件。
・220 〜 320 nm の範囲以外の別の波長での放射。
・可能な第二の反応(例えば,硝酸イオンの)。

　結論として,パルス化されたモードでのキセノンランプの操作が有望である。しかし,実際には,大規模な連続する水処理で型どおりに使用できるような十分な確証は得られていない。

2.5.3.5　パルス化されたブロードバンドの紫外線システム

　この技術では,交流はコンデンサに保存され,エネルギーは,高速切替えスイッチを通して,およそ 100 μs 以内に紫外線の強い放射パルスの形で放射される。電気抵抗的な熱は,1 万 K の温度の範囲に展開され,放射は太陽光の波長構成に類似している。そのようなランプの予期寿命は,1 000 〜 2 000 h の範囲である。

2.5.3.6　エキシマランプ

　電子的なエネルギー(熱源以外の)によって得られる分子(励起した分子の状態での X-Y,例えば一重項励起 XY^*)は,X + Y に分離する際に量子化された光を放射することができる(図 33)。

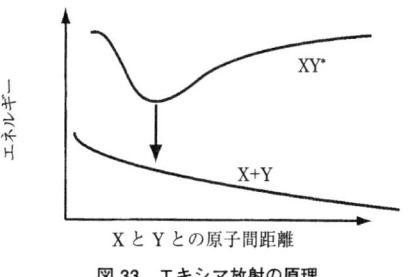

図 33　エキシマ放射の原理

2. 利用可能なランプ技術

(1) UV-C 範囲におけるエキシマ技術

最近，Cl_2^*エキシマ技術が提示された（Coogan，Triton Thalassic Technologies, Ridgefield, CT）。ランプは，5 kW(e)で入力され，170 W(UV)/nm の最大線形放射強度で波長 260 nm が放射されるといわれている（図 34）。

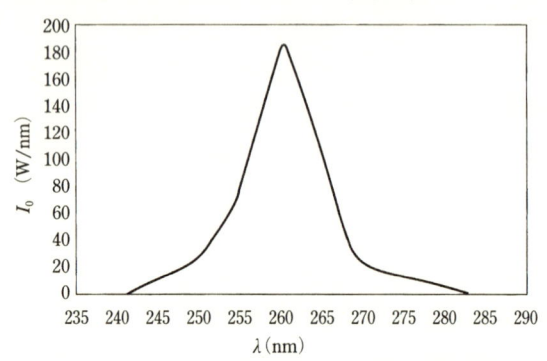

図 34　5 kW(e) Cl_2^*エキシマランプといわれている放射強度

総放射収率は 14 %で，ランプの予期寿命は 6 箇月である。エキシマ技術のために使われるガスは，キセノン-キセノン塩化物とクリプトン-クリプトン塩化物を含む。

　注：エキシマランプはレーザとみなされていない。ガスに対して反射鏡を使って誘導光子放出で向きを変えると，損失は増えるが，レーザがコヒーレント光を生じるのに対し，エキシマは拡散放射を生じる。

(2) 真空紫外線範囲におけるエキシマ技術

大部分のエキシマ技術は，可視スペクトルの範囲における放射のために開発された（Braun, 1986, p.130）。詳しくは第 4 章を参照されたい。さらに，光化学的なオゾンの生成を伴う場合，ランプと反応器材料の劣化を査定する必要がある。短波長を発するエキシマ技術は，特に有望である［Heraeus　Noblelight　Kleinostheim, Bischof(1994)］。

Xe_2^*：172 nm　　　$ArCl^*$：175 nm　　　ArF^*：193 nm　　　$KrCl^*$：222 nm
$XeCl^*$：308 nm

一般に，特に新しいランプ技術についてのレポート「Ultraviolet Disinfectiom Water and　Wastewater（水と排水のための紫外線消毒）」(1995)が米国電力調査学会（U.S. Electric Power Reseach Institute；EPRI）から報告されている。

2.6 ランプ技術選択のための予備的ガイドライン

2.6.1 低圧水銀ランプ

- 低圧水銀ランプは，取付けおよび操作が簡単である(電源からの普通の取出し電圧で，放射強度は，電源電圧の変動により変えることができる)。
- 放射される紫外線は，殺菌範囲(254 nm)においては，だいたい単色である(185 nm での放射は，通常，ランプ材料により除かれる)。
- 関連する単色性は，常に光化学的な併用プロセスを起こすことができるわけではない(第4章参照)。
- 他の波長に微生物を曝露することによっては利益は得られない(タンパク質による吸収。例えば，酵素。第3章参照)。
- ランプとその構成材料の劣化は，遅い。寿命はおよそ1年である。
- ランプ(さらにランプの囲い)は，低い温度で操作し，最適温度は40〜42℃である。それより低い水温では，効率は減少する。
- オン-オフ手順は簡単である。各オン-オフの点灯は，操作時間1hの劣化と同等である。
- しかしながら，線形放射強度は，0.2〜0.3 W(UV)/cm の低い範囲である。したがって，ランプは，小さな流量の殺菌に適している。大きな流量での処理には，設置するランプ数を多く必要とする。そして，結果的に大きい反応器の装置が必要となる。
- ドープした低圧水銀ランプは，大きい線形強度(例えば，インジウムまたはイットリウムのドープ)で放射できる。しかし，寿命が短くなる(およそ50%)という損失がある。
- ドープされた低圧水銀ランプの若干の変形は，併用効果(例えば，過酸化水素。第4章参照)が期待できる200〜240 nm の範囲で放射できる。
- 低圧ランプは，入力によって調整することができず，定格値で放射している。この特徴は，時間内(例えば，扱われる流量における変化)おいて相当変化する場合に，直接，強度を自動化するのには適していない。
- 低圧水銀ランプは，比較的安いコストで，放射スペクトルがよく確証され，量

2. 利用可能なランプ技術

が測定されているので，容易に利用できる。それらのより単純な技術は，不便な地域においてむしろ好まれる。
・現在，太陽エネルギーの電池を用いた変形が利用できる。

2.6.2 中圧水銀ランプ

・中圧ランプは，UV-C 範囲（以前は 1 cm 当り 10 〜 15 W の UV-C。現在は，1 cm 当り 30 W の UV-C が可能である）で高い線形放射強度を持つ。
・光源は多色性（いくつかの波長で発すること）で，その部分，少なくとも 40 〜 50%の部分が消毒に直接役立つ（第 3 章参照）。
・ランプ光源は，最も重要で，囲いの存在で高い温度（外の温度 400 〜 800℃）において操作される。
・同じ潜在的な消毒効率において，中圧ランプは，低圧水銀ランプより非常に小さく設計されている。それゆえに，反応器のデザインは，特に大流量の処理にとって特により小さい。
・ランプは，トランスを用いる高い電圧（3 〜 5 kV）を必要とし，要求される可変のパラメータ（例えば，流量）の機能として，放射強度を変化させることのできる操作が必要となる。このことは，中圧水銀ランプが低圧水銀ランプと比較して，大変より多くの自動化できる要素を持つことを意味している（現在，中圧水銀ランプの利用できる技術では，入力は，設計上 60 〜 100%の範囲において調整することができる）。
・中圧水銀ランプのランプ材料と囲いの劣化は，低圧ランプより速い（およそ 4 000 h 対 1 万 h）。しかしながら，改善された技術は利用できる。
・中圧ランプは，ブロードなスペクトルとして設計することができ，消毒と併用酸化プロセスの両方において，増大した潜在的な効率で広い波長範囲にわたり放射する。

2.6.3 特殊ランプ

本章では，特殊なランプ技術に関して表示可能なデータを完全に報告している。これらの技術の一部は，有望であると主張されるが，現場ではまだ完全には確立されていない。

2.7 紫外線の放射効率と制御モード

2.7.1 ランプ壁と囲いの材料

　通常，水処理のための紫外線ランプは，付着物とスライムの形成で光透過の低下を起こしやすく，また壊れやすい石英で構成されている。超音波を用いた清掃は，うまくいかない。1972年の特許（Landry, 1972。noted in Legan, 1982）は，ある種のフロロカーボンが紫外線を透過することができたことを示している。テフロン™は，化学的に不活性で，多くの薬品に耐性を持ち，水に近い屈折率（空気1に対して，テフロン 1.34, 水 1.33）を持ち，そして，石英に比較して潜在的な利点を持つといわれている（Legan, 1982）。ランプは，テフロン壁で，または石英ランプにテフロンをコーティングしてつくられた。しかしながら，材料の透過率は，とりわけ劣化については，議論の題材として残されたままである。図35（Sugawara et al., 1984）のデータは，材料が直接の殺菌力のあるUV-C範囲の代わりにUV-A範囲での操作に対しても適当であることを示している。

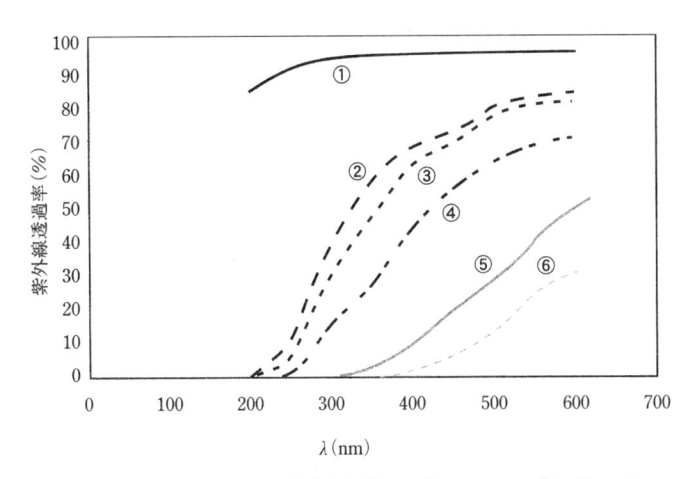

図35　テフロン、石英の紫外線透過率（①：石英　1.0 mm, ②：テフロン FEP1000A　0.25 mm, ③：テフロン FEP1400A　0.35 mm, ④：テフロン PFA200 LP　0.51 mm, ⑤：テフロン 6000L　1.75 mm, ⑥：テフロン 900LP　2.25 mm）(Sugawara et al., 1984)

2. 利用可能なランプ技術

2.7.2 光学材料の透過-反射率

ランプと反応器の設計で使われる材料の紫外線の範囲の透過率は，図 36 に示すとおりである（図 35 も参照されたい）。

石英は，ランプの劣化の原因のうちの一つであるソラリゼーションによる透過の低下を受ける。このことは，ランプ囲いにもあてはまる。経験（低圧ランプだけで）によれば，普通用いる石英の囲い材料に関して，2 万〜3 万 h の運転の範囲内で材料の光化学的なソラリゼーションだけによる 254 nm における透過率は，50％の低下になる。材料へのスケールの沈積とスライム生成は，同様に査定される必要がある。オゾン生成ランプに関しては第 4 章に記述している。

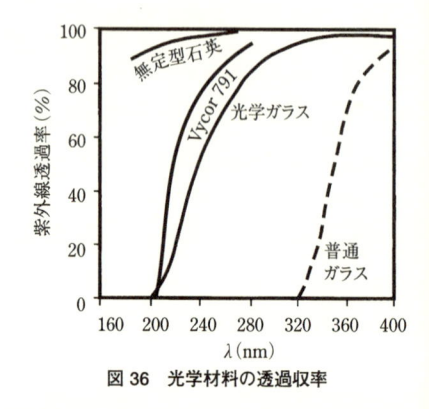

図 36 光学材料の透過収率

付け加えることを次に示す（Masschelein, 1992）。

反射率を表 4 と表 5 に示す［利用できるのは，254 nm の波長に基づくものがもっとも多い。屈折率が別の波長でわかっている時，適切な査定は，基本的な法則の関数として構成される（Snell と Fresnel の法則については，2.7.4 を参照されたい）］。

反射は，開放水路か，または中心のパイプに紫外線を導くために，反射体を備え

表 4　254 nm における紫外線の反射（オランダ Eindhoven の Philips Lighting の記録より）

物　質	反射率(%)	物　質	反射率(%)
アルミニウム箔	60〜90	白色漆喰	40〜60
ガラス上の蒸着アルミニウム	75〜90	酸化亜鉛	5〜10
ステンレススチール	25〜30	酸化マグネシウム	75〜90
クロム（金属）	40	白色亜麻布	15
ニッケル（金属）	40	白色木綿	30
油性塗料（白色）	3〜10	白色羊毛	4
水性塗料（白色）	10〜35	壁紙	20〜30
アルミニウム塗装−塗料	40〜75	エナメル	5〜10

出典：オランダ Eindhoven の Philips Lighting の技術資料

表5 254 nmにおける反射(入射強度に対する割合)[Masschelein(1992〜96)による技術文献より]

物質	反射率(%)	物質	反射率(%)
MgO-CaCO$_3$沈積物	80〜85	Inox(AISI-304とAISI-316)	< 25
酸化マグネシウム沈積物	70〜80	水性塗料	10〜30
アルミニウム(光沢)	88	白色磁器	5
アルミニウム(艶消し)	75〜80	普通ガラス	4
アルミニウム箔	73	静水表面	4
漆喰(病院白壁)	40〜60	ポリビニルクロライド(PVC)	1
クロム(金属)	45	雑多な沈積物(有機物)	1
ニッケル(金属光沢)	38	黒の光学塗料	1
白紙	25		

た装置で，水の外側に設置したランプによる間接的な照射技術において重要である(第3章参照)。MgO-CaCO$_3$の高い反射にとりわけ注意が必要である。そのような沈積物がランプ(または囲い)に付着すると，照射効率の低下は重大である。これは，メンテナンスにおいても重要な点である。

2.7.3 付着物(スライム)の沈積

水のランプへの直接接触による付着物の沈積は，図37に示されている。

水へのランプの直接露出で沈積した無機塩類の総量は，外側ランプ表面おいて2.5〜15 meq/m^{2}である(個人的観察)。通常，沈積物の主要構成成分は，カルシウムまたマグネシウム(30〜80%)であるが，凝集フロック形成処理を行った水では，そのほかに鉄，アルミニウム，他の種々雑多な物質が全体の20〜30%となる。鉄とマンガンを含んでいる地下水では，これらの無機塩類は，全体の10〜40%を占める。すなわち，各種の無機塩類が占める割合は，水が含む元素の構成に依存する。

しかしながら，一般的な結論は，次のとおりである。
・ランプ囲いは，連続する操作のために必要である。
・この囲いが「本当の」ランプ壁として熱的な解決を与えなければならない。
・水からの沈積作用を受けるため，ランプに沿った水の縦の流れは，ランプを直角に横切る方法よりも重大である。
・連続的あるいは断続的な清掃の手順は，必要である。

2. 利用可能なランプ技術

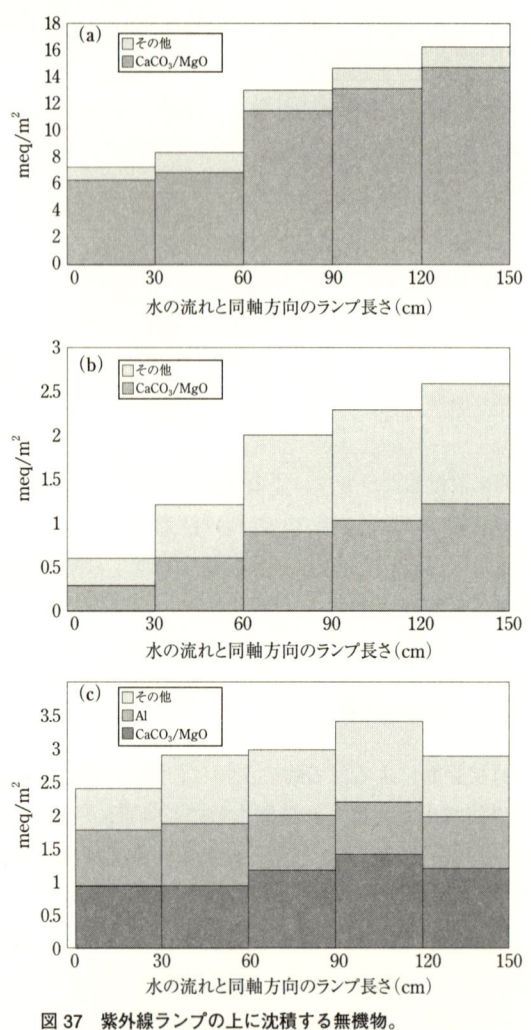

図37 紫外線ランプの上に沈積する無機物。
(a) 地下水，(b) 鉄とマンガンを含有する地下水，
(c) 表流水。硫酸アルミニウムによる凝固・凝集・
フロック形成・沈殿

最後に，低水温では，低圧水銀ランプの放射効率の低下を補償する石英囲いの円筒中にランプを置き，また，中圧水銀ランプのランプ壁に無機塩類の沈積物を防ぐことも，必要である。

2.7.4 水による透過と反射

Snell の法則によれば，表面の屈折の特性は，次のような関係がある。

$$n_1 \sin\theta_1 = n_2 \sin\theta_2$$

ここで，n_1，n_2：2つの媒質の屈折率，
　　　　θ_1：入射角，
　　　　θ_2：屈折角。

θ_2 は，θ_1 より小さい(**図38**)。

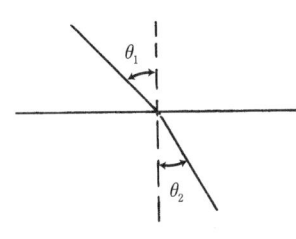

図38 Snell の法則に基づく水の透過屈折

Fresnel の法則は，屈折の指数を物質の反射と透過の特性と関係づける。基本の関係は，

$$T = (1 - R)$$

ここで，T：透過，
　　　　R：反射。

入射角(θ_1)の角度が50度(**図39**)より小さい限り，空気の石英表面での UV-C の反射は，放射された紫外線の4〜5％のオーダであることは注意するのに値する。

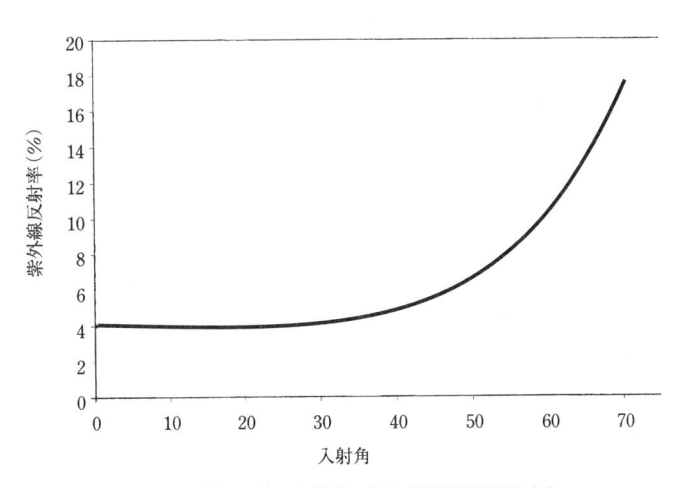

図39 空気-石英の入射角における紫外線反射率(R)

2. 利用可能なランプ技術

同じように，平らな水の表面での反射は，254 nm でおよそ 4％である。結果として，例えば，空気を含むランプの石英囲い部分，あるいは，水路における開放型水表面の直接照射によって，紫外線透過において反射による強度の 4～5％の損失を考えなければならない。

実際問題として，1 cm の層厚さによる紫外線の透過率がたびたび考慮される。この特性は，標準の分光光度計で簡単に計られる。これらの面は，反応器の設計にとって非常に重要で，第 3 章においてさらに詳細に記述する。

2.7.5 放射測定

正確な放射測定は，水道事業体に代わりこの分野の専門の試験所で行われる。光源の放射強度を計る最も古典的な方法は，積分球光度計の中央に置く方法である。球の表面の検出器に球上で受ける放射の強度が検出され，その結果，光源の総放射強度の強さが示される。通常，結果は，ステラジアン当たり放射される光源から 1 m の距離における単位表面当りの放射度 (W/m^2) の一覧表に数値として示される。すなわち，半径 1 m の球に置いた 1 m^2 と一致する立体角において，次のように表される。

$$W = 4\pi R^2$$

ここで，$R：1\,\mathrm{m}$。

理想的な積分球においても，測定の実際的な条件下では，球の材料の反射は考慮される必要がある。その一つとして，次の式がある。

$$W = \frac{4\pi R^2}{r/(1-r)}$$

長い円筒形ランプの放射を計ることができるような球の設計はまだであるが，標準化への挑戦が始められている。

実行に重要なのは，この方法で測定し表にした強度（放射強度）の値であり，一般に紫外線（例えば，180～300 nm，180～400 nm，または 220～400 nm）の与えられた領域で放射される全部の強度に関係する。その値は，エネルギーのスペクトル分布をいちいち明示していない。この目的のために，スペクトラジオメータ，光学フィルタを含む波長を選択する装置，分離された単色光の分光器（例えば，プリズムまたは回折格子），そして，多分，光電セルまたは感光性半導体素子（フォトダイオード）と熱イオン検出器のような特殊な装置が必要となる。正確な標準光源も必要

である。

しかしながら，水道事業体の行わなければならない原則がいくつかあり，時折，設備の管理とメンテナンスの単純な検査を実行することは，重要なことである。いくつかの装置は，市場で手に入る。これらの装置で，今後，光源の放射強度を得ることは可能である。

2.7.6 光学フィルタ

感光性の紙は，光源からの放射束の実測に対しては，ある程度，そして，比較測定（1つの光源と他のもの）に対しては，広く使用することができる。与えられた応用のため，もし，光源（例えば，220～280 nm）からの放射の特別のスペクトル領域が適切な光フィルタシステムにより制限できるならば，写真フィルムの黒化は，応用の潜在的な効率の尺度として使用することができる。露出の閾値と飽和レベルの間で，露光されたフィルムの光学密度は，露出線量の log と線形で相関している。同じ照射で汚染された水の薄い層に代え，生き残る菌体により直接の線量-効果測定を確立することができる。

光子を選定する（フィルタ）システムに関しては，多くのことを解決することが可能である。水処理の研究において，そしてまた，現場テストのためにも，透過フィルタが最も適切である。若干の例を **図 40** に示す。

干渉フィルタと誘電フィルタのような他の技術は，より専門の試験所で使われる（Murov, 1973）。

2.7.7 スペクトルの放射測定（光電セル）

調整された光電セルが波長あるいは検討中の波長領域に利用できるならば，この技法は現場で使用できる。現在，実際に使われている放射測定の大部分は，光子的なセルである。このセルは，紫外線放射に敏感な陰極を含み，入射する光強度を電気的な流れ（光電効果）に変える。そのような実際に利用できる検出器は非常に高感度であるが，しはしば特定の波長に対しては感度の低いことがある。

2. 利用可能なランプ技術

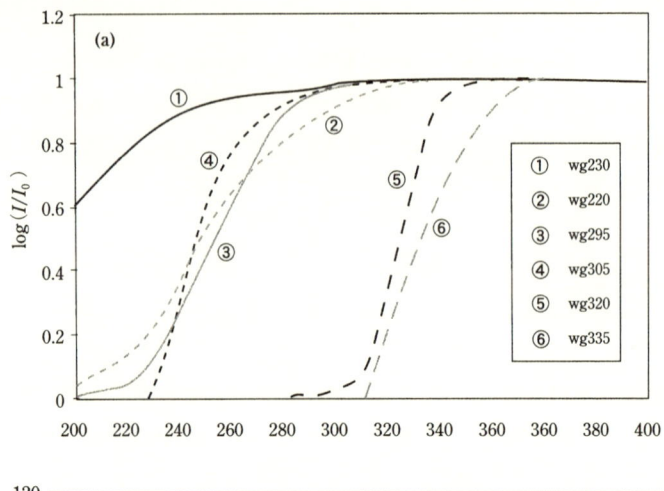

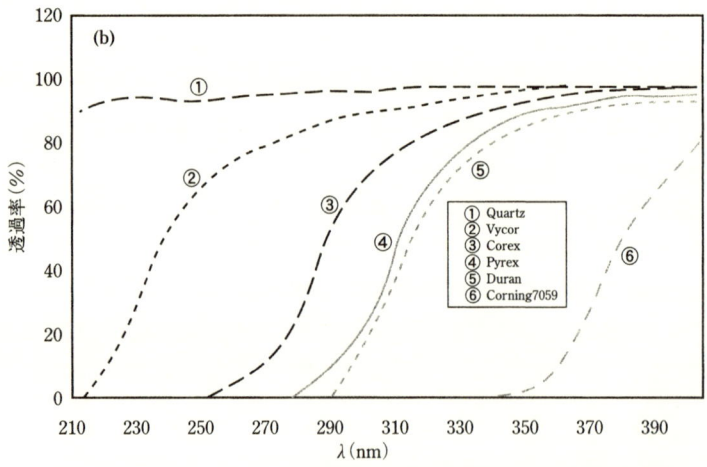

図 40 光学ガラスフィルタの透過率（ドイツ Mainz の Scott の記録より）

2.7.7.1 特殊な光電セル

このセルは，254 nm の波長に利用できる。調整された光電セルは，2 つのタイプ，円筒形と余弦形が利用できる（**図 41**）。

円筒形タイプの単純化された光電セルは，水処理において，絶え間なく稼働する機器の連続，半定量的なモニタリングに最適である（第 3 章参照）。設計上の放射強度の決定のためには，調整された余弦形の光電セルの使用が好ましい。実験に基づ

48

2.7 紫外線の放射効率と制御モード

く装置について示すと，測定の値は次の式で表せる。

$$P = 2\int_{90°}^{0°}\int_{0}^{2\pi} I(\theta)d\theta\, dA(\theta)$$

$$\int_{0}^{2\pi} I(\theta)\, d\theta = 2\pi a(\theta)I(\theta)$$

$$dA(\theta) = r\, d\theta$$

それゆえに，

$$P = 2\int_{90°}^{0°} 2\pi a(\theta)I(\theta)\, r\, d\theta$$

そして，

$$\frac{1}{2}\frac{dP}{d\theta} = 4.022\, I \sin\theta$$

（$r = 0.8$ m に対して）

この技法は，また，劣化によるランプのパワー損失に関連する測定にも適している。実験に基づく曲線の下の領域を図化した積分は，θ の関数として0～90°の間で累積する $dP/d\theta$ 値をプロットすることにより，管状のランプの軸に沿った平面で90°の扇形に光電セルを回転させることにより，そして，光点当りの出力を記録することにより得られる。これらの手段で，ひとつは**図43**に示す例のようにグラフをつくることができる。曲線の下の領域は，光電セ

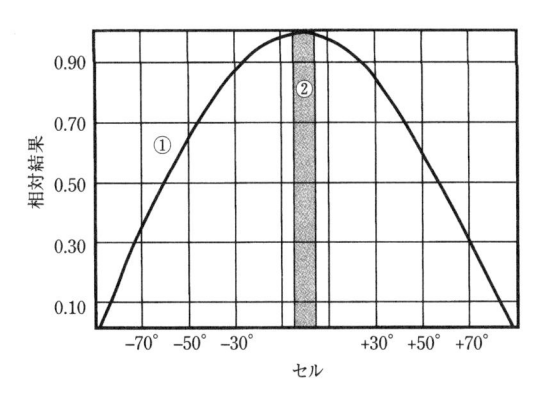

図41 ①余弦形光電セルと②円筒形光電セルの検出プロフィール（Masschelein, 1986, 1992, 1996）

$$P = 2\int_{90°}^{0°} 2\pi a(\theta)I(\theta)\, r\, d\theta$$

$$\frac{dP}{d\theta} = 4.022 \times I \times \sin\theta$$

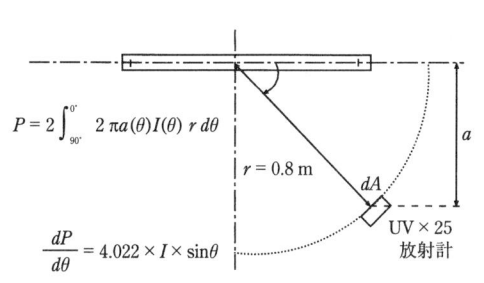

図42 放射強度の測定方法

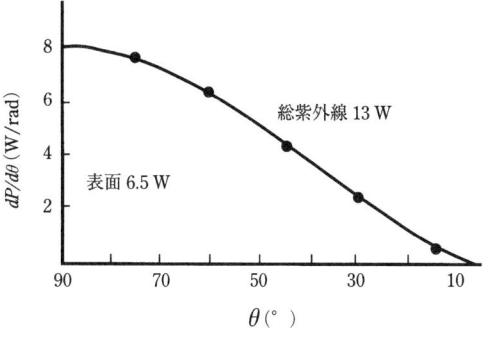

図43 光電セルによって測定された公称出力のグラフ積分（Masschelein, 1992）

2. 利用可能なランプ技術

ルの検出位置におけるランプからの設計上の出力の半分と一致する。ランプが円筒形でない（例えば，U 型）ならば，追加の積分は，主軸の周り 0 ～ 360°で検出器を回転させることが必要である。式は次のようになる。

$$P = 2\int_{90°}^{0°}\int_{90°}^{360°} 2\pi a(\theta)I(\theta)\, r^2 \sin\theta d\theta d\phi$$

ここで，θ：頂点角度，
　　　　ϕ：極角度。

この方法とそれに要する簡易な装置は，ランプの劣化を折々に調整するのに，また，石英囲いの透過率をチェックするのに非常に役立つ。

2.7.7.2　非特異性の光電セル

大部分の光電セルは，波長に対して非特異性の応答を示す。典型的な例を図 44 に示す。若干の光電管は，より狭い検出限度を持つことができるが，通常，カットオフフィルタに頼らなければならない。装置としてたびたびブロードバンドの光電管が反応器に据え付けられ，連続調査のために使われる（第 3 章参照）。

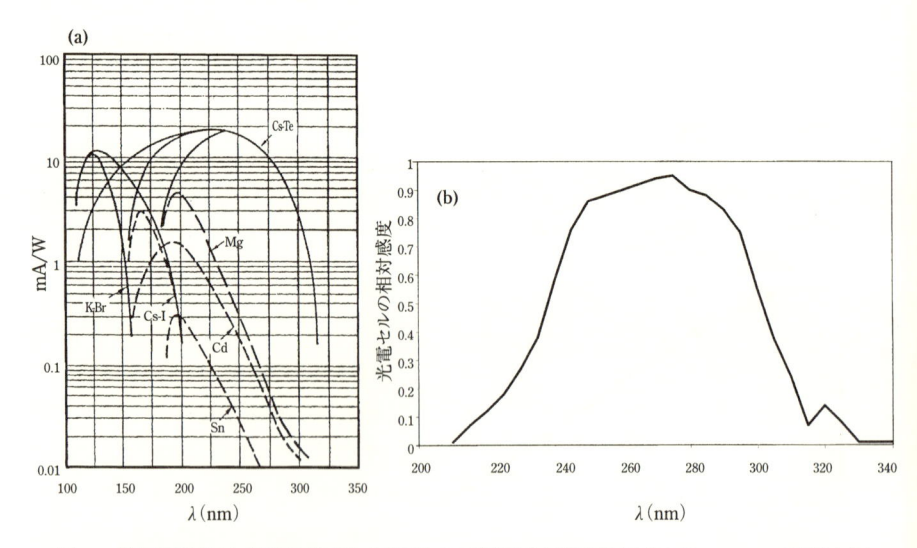

図 44　紫外線範囲における商品化された光電セルの典型的な応答曲線（日本の Hamamatsu の記録から）

2.7.8 光量測定

主要な量子収率は，基本的に最大が1である(Stark-Einsteinの法則)。これは，1つの光子が分子によって吸収される時，それが分子の1つの変化を誘発することを意味する。しかし，主要な光化学反応の後に，さらなる反応(光化学あるいは光でない反応)が続くことができる。全体的な量子収率は，吸収される光子の数につき変化する分子の数によって定義される(例えば，アインシュタイン当りのモルで)。

光量測定は，頻繁に照射した試薬の光子の数と既知である1個の光子が誘発する化学変換との間に，定量的で再生産的な関係を仮定する。実験に基づく決定においては，すべての光子が吸収されることが好ましい。

2.7.8.1 無機塩による光量計

3つの古典的な光量計が紫外線ではたびたび使われる。ウラニル塩とシュウ酸との組合せ，フェリシュウ酸カリウム，マラカイトグリーン，ロイコシアナイド(図45)である。U(Ⅳ)は，紫外線の光子によってU(Ⅵ)に酸化され，そして，順番にシュウ酸を酸化する。照射の前後のシュウ酸の測定では，消毒に有効な波長において量子収率0.6で，システムにより吸収される光子の数と相関している。

$$I \times 4.7 \times 10^5 = P \quad (もし254\,nmで単色ならば紫外線のW)$$

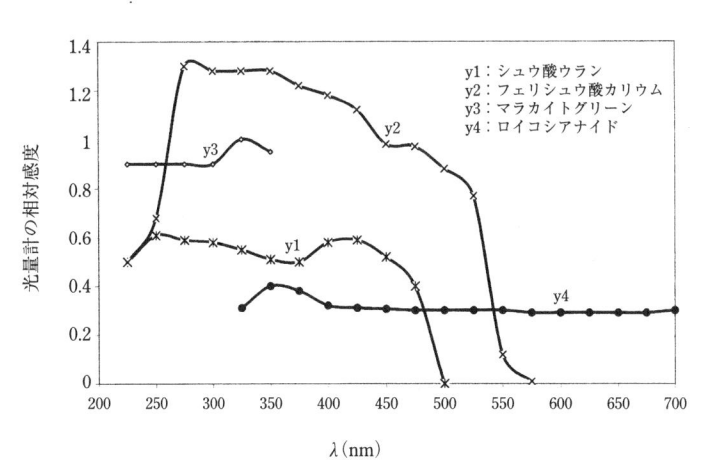

図45 光量計の量子収率(一般の文献とオランダ Eindhoven の Philips Lighting の記録より)

2. 利用可能なランプ技術

シュウ酸カリウム塩のフェリ(Ⅲ)はフェロ(Ⅱ)に変わり，濃度は吸収される光子数に関係している。水処理に関係のある範囲では，検討する量子収率は 1.23 である(**図 45** 参照)。フェリシュウ酸の光量計で 250 nm 未満の波長における量子収率の低下は，ウラニル-シュウ酸法と比較して，ランプの殺菌効率の評価にはあまり適応できない。

紫外線によるマラカイトグリーンの照射は，622 nm での可視吸収で緑色になる。量子収率は，200 〜 300 nm の範囲でほぼ 1 である。

光量測定の方法の一つの利点は，明らかに放射測定法に比べ装置に依存しないということである。それらは標準設備のある試験所で操作することができ，実際の反応器にあてはまる。だが，欠点はある。

・波長に対する特異性の不足。
・内部効果(すなわち，最初の反応の反応生成物による光子の第二の吸収)の見込み。
・pH，濃度範囲，その他に関して実験に基づく状況を観察するための非常に厳密な必要条件。

推薦できることは，もともと説明されている実験での手順で，そして，必要に応じて適用される反応器の体積に適している。

・ウラニル-シュウ酸法(Leighton and Forbes, 1930)。
・Hatchard と Parker(1956)により説明された本来の手順のフェリシュウ酸カリウム法。
・Harris と Kaminsky (1935) によるマラカイトグリーン-ロイコシアナイド法。可視光線の光の潜在的な作用を考慮しなければならない。したがって，操作は，「visible dark(見える暗闇)」で実施される。

2.7.8.2　ヨウ化物-ヨウ素酸塩光量計

ヨウ化物-ヨウ素酸塩光量計(Rahn, 1997)では，電子受容体としてのヨウ素酸イオンの存在下でヨウ化物イオンの光分解は，次の反応と全面的に一致する。

$$8\,I^- + IO_3^- + 3\,H_2O + (x)h\nu = 3(I_3)^- + 6\,OH^- + 6\,H^+$$

この反応は，異なる中間生成物 (I，e^-，OH^-，H_2O_2，他)を介して進行するという仮説により考えられる。しかしながら，全面的な化学量論の結果は，ずっと以前から指摘されている。

利用される濃度は，0.6 mol/L の KI と 0.1 mol/L の KIO_3 である。溶液は，200〜300 nm までの範囲で吸収し，反応は可視光線により直接影響されない。トリヨウ化物アニオンの濃度は，352 nm（A = 26 400 L/mol・cm）で計られる。すべての範囲に分布する量子収率は，0.75 である。反応は，反応物の濃度に依存する。

光量計に用いる溶液の準備は，次のとおりである。10 mL の超純水（例えば，ISO Nr 3686, 1987）中に順番に連続して溶す。1 g の KI，0.214 g の KIO_3，0.038 g のホウ砂（$Na_2B_4O_7$ の 0.01 mol 溶液をつくる）。使用前に新たな準備が必要である。光量計の溶液は，次のようである。およそ pH 9.25 において，300 nm で A(L/mol・cm) が 0.6 ± 0.03，352 nm で A が 0.04 である。紫外線曝露のない光量計に用いる溶液の吸光度は，330 nm を超える波長では無視してよい。しかしながら，吸光度は，温度により増大する。10℃の上昇で＋14％（少なくとも 10〜45℃の間）が線形的に増大する。それゆえに，温度による補正が必要かもしれない。

水中のトリヨウ化物イオンの 20℃での吸光度（$\log_{10}$）の概略を**表 6** に示す。

表 6 水中のトリヨウ化物イオンの 20℃における吸光度（$\log_{10}$）

λ(nm)	A(L/mol・cm)
330	15 500
340	29 500
345	23 000
352	24 600
375	16 751
400	6 196
425	2 773
450	1 388

2.7.8.3 ペルオキソ二硫酸第三ブタノール紫外線光量計

水溶液中のペルオキソ二硫酸イオンは，波長 300 nm 以下の紫外線により分解される（Mark et al., 1990）。可視光線は干渉しない。反応の基本は，次のとおりである。

$$S_2O_8^{2-} + h\nu \rightarrow 2\,SO_4^{-\cdot}$$
$$SO_4^{-\cdot} + (CH_3)_3COH \rightarrow H^+ + SO_4^{2-} + \cdot CH_2C(CH_3)_2OH$$

溶存酸素がない場合，第三ブチルラジカルは二量化し，その二量体は，連鎖反応を維持することができない。溶存酸素がない場合，量子収率 Φ は 1.4 である。溶存酸素の存在では，次の反応が起きる。

$$\cdot CH_2C(CH_3)_2OH + O_2 \rightarrow \cdot O_2CH_2C(CH_3)_2OH$$

これらの擬似ラジカル（pseudoradicals）は，ペルオキソ二硫酸塩の還元において直接的な連鎖の担体（carriers）ではないが，さらには酸素ラジカルイオンをつくることができる（Buck et al., 1954）。そして，それは同時に存在するペルオキソ二硫酸塩イオンをさらに還元する。

$$O_2^{-\cdot} + S_2O_8^{2-} \rightarrow O_2 + SO_4^{2-} + SO_4^{-\cdot}$$

硫酸塩アニオンラジカルは，さらに第三ブタノールラジカルを酸化させることがで

きる。そのような場合，量子収率は，1.8(Becker，1983)の範囲でありえる。したがって，溶存酸素の管理は，この方法において重要である。

望ましい濃度を次に示す(Winter，1993)。
・ペルオキソ二硫酸カリウム：0.01 mol/L = 2.7g。
・第三ブタノール：0.1 mol/L = 7.4g。
・蒸留水1Lに溶解。
・溶存酸素で飽和させるため，30分間空気をバブリング(bubbling)して送り込む。

光量計用の溶液は，毎回(毎日)新しく用意されたものの使用が望ましい。

2.7.8.4 ウリジン光量測定

ウリジンは，DNAの一般的な吸収スペクトルと部分的によく一致し，また200～300 nmまでの範囲の吸収スペクトルを持つ(図46)。

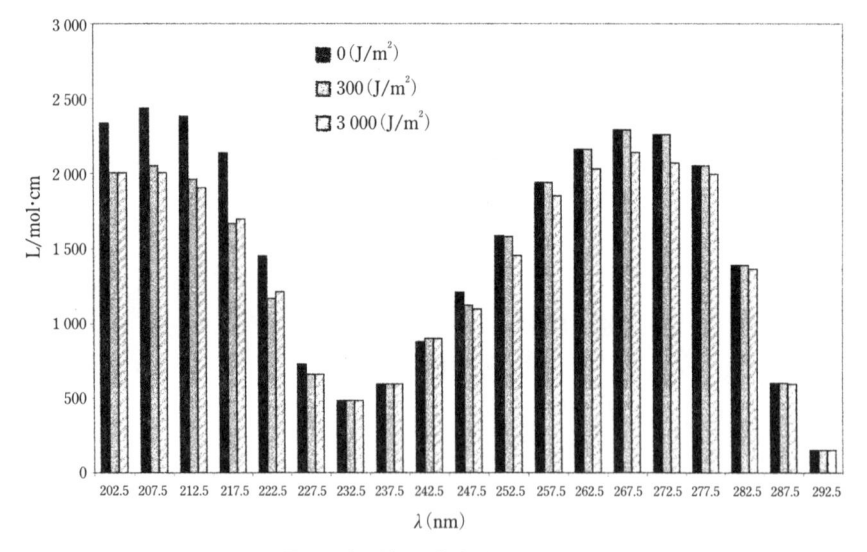

図46 ウリジンの紫外吸収スペクトル

水溶液で，ウリジンのナトリウム塩は，267 nmで最大の吸収となり，紫外線照射により減少する。吸光度の減少は，線量の関数として線形ではなくて，消毒の従来の線量では非常に低いままである。しかしながら，技術的には，直接の光化学的なプロセスのような高照射線量の評価には有用である。光による水和は，解釈として

は考えられる。

報告されたデータでは，267 nm での吸光度の減少に関して次のような大きさの順番になる(Linden, 1999)。J/m² では，

3×10^2　　約 0
3×10^3　　− 8%
3×10^4　　− 13%
3×10^5　　− 45%
3×10^6　　− 97%

である。したがって，この方法は有望である，しかし，特に高照射線量を定める調整方法ではさらなる多くの開発が必要である。Linden と Darby(1997)を参照されたい。

2.7.8.5　光量測定の確認と管理方法としての過酸化水素の分解

水中の過酸化水素の光分解で最も知られている初期反応は，次のとおりである。

$$H_2O_2 + h\nu = 2\,OH\cdot$$

反応は一次で，速度論的な減衰係数は次式と関連する(p.118 参照)。

$$k = \frac{2.3 \times A \times \Phi \times L \times r \times I_0}{V}$$

数 mg/L の濃度範囲では，量子収率 Φ (20℃)は，0.97 ～ 1.05 として報告されけている(Baxendale and Wilson, 1957)。しかし，量子収率は，温度に依存する(Schumb and Satterfield, 1955)。過酸化水素の光分解率の確定と，曝露後の濃度測定の簡易さは，一連の実験に先立つ素早い「モーニングチェック」による操作実験条件のしっかりとした把握のための方法として適切である。

過酸化水素の紫外線分解のより基本的なことは，第 4 章において詳述する。

2.8　発光のゾーン分布

ランプには，発光強度のゾーン分布がある。いくつかの徴候を図 47, 48 に示す。ランプは，電極端部で強度の低下を示す(図 47)。ランプ端部の発光強度低下は，ランプより下での距離次第である。そして，そのことは図 48 で実例を示した。電極の構成と電極のある場所により，円筒形ランプには，しばしば発光強度の不均等な円

2. 利用可能なランプ技術

筒形の分布がある。より古典的な管状のランプにもゾーン分布がある。**図49**に典型的な例を示す。

水銀蒸気UV放射はプラズマ放射であり、本当の点光源でないので、強度(小部分による放射)は、普通は頂点の角度によって変化する。この点は、複数ランプの反応器において、ランプの場所の幾何と反応器のデザインで重要である(第3章を参照されたい)。

より長くて完全に円筒形のランプにおいて、放射状モデル(すなわち、強度がランプ表面から四方八方に均一に直交して放射

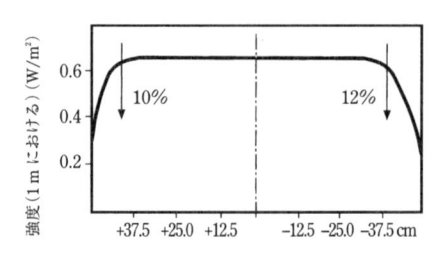

図47 電極端部における強度低下
(Masschelein, 1996b)

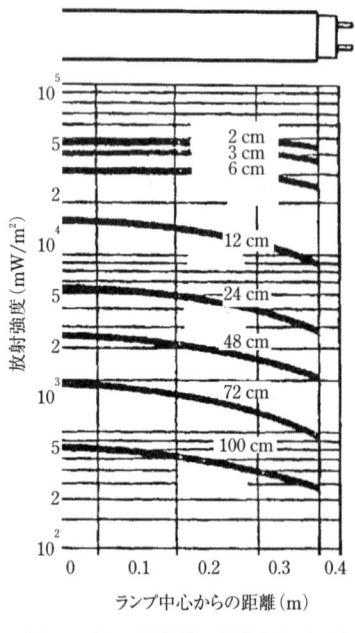

図48 ランプ下距離の関数としてのランプ端部における紫外線強度低下
(オランダ Eindhoven の Philips Lighting の記録より)

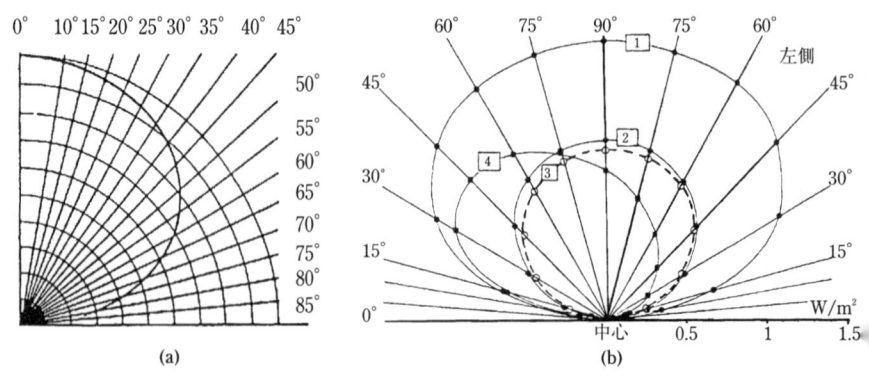

図49 放射分布の説明(極座標表示)

される)は，基本的見解から，明らかに誤っているが，たびたび良い近似で終わる[Phillips, 1983, p.368]。偏平形のランプは，ランプ壁の平らな側で，総強度のおよそ2/3を発するとされている(**図 25** 参照)。これは，このランプ技術を使用している反応器の設計のために重要である。**図 10** に図示される U 形のランプと**図 17** で図示される曲がったランプは，放射のゾーン分布を利用している円筒形と，扁平につくられたランプ技術との間で，妥協点を統合している。そして，また，極のある分布と呼ばれている。すべてのこれらの非常に基本的な面に関する情報は，ユーザに利用できるようにされなければならない。

3. 飲料水消毒のための紫外線ランプの使用

3.1 概　　論

　現在，水の消毒で紫外線照射に頼っている飲料水プラント数は，およそ3 000から5 000箇所と見積もられる。これらの実績は，完全には記録されていないことが多いので，多分，実際の数はもっと多いと思われる。
・家庭用，キャンプ地などのユースポイントにおけるシステム，
・レクリエーションと健康体育への応用，
・例えば，病院，保育園，遠い地域の学校のようなリスクのある場所での応用，
・ビール醸造所や清涼飲料産業のような食品加工産業での使用，
・ボート，船，鉄道列車での使用。

　太陽光からの放射エネルギーによる殺菌効果は，1877年に最初に報告された(Downes and Blunt, 1877)。しかし有り難いことに，大気中のオゾンによる吸収のおかげで，地球の表面に達する太陽光の紫外線部分は，290 nmを超える波長に限定される。紫外線の技術的な利用は，Hewitt(1901)による水銀蒸気ランプの発見によって前進した。そして，フランスのマルセイユの飲料水は，1910年ぐらいの早い時点から紫外線により消毒を行っていた。

　信頼できる操作と，5 000件のプラントの実績があるということは，若干の疑いや異論があっても，無視することはできない(本章において言及する)。疑いや異論の中には，処理水中に薬剤が残留しないことがある(Bott, 1983)。しかし，利点もある。それは，化学薬品のオンサイト貯留設備が必要なく，操作員のための危険リスクが排除されるからである。そして，化学薬品を取り扱うための安全処置と設備を必要としない。遠い地域における輸送も，同様に問題はならない。太陽光発電に基

3. 飲料水消毒のための紫外線ランプの使用

づいて操作する方法が現在開発され，利用できるようになっている。

1979年頃からドイツのベルリンにおいては，処理した水の後塩素処理は行われていない。

給水システムの水に処理に使用した薬剤が残留することについては，確かに問題であり，討論されているが，水質全体からは局部的な問題である。しかし現在，水質の中心課題ではないが，無視されてはならない問題である。

3.2 殺菌作用

3.2.1 殺菌作用曲線

Grotthuss-Draperの法則によれば，吸収された光子のみが有効である。基本的に紫外線での消毒は光化学的なプロセスなので，紫外線光子は吸収されなければならない。細胞の構成物質によるこの吸収は，タンパク質による，そして核酸(DNAとRNA)による吸収から生じる。それぞれの吸収を図50に示す。

UV-Cの全体的な潜在的な消毒効率を図51に示す。

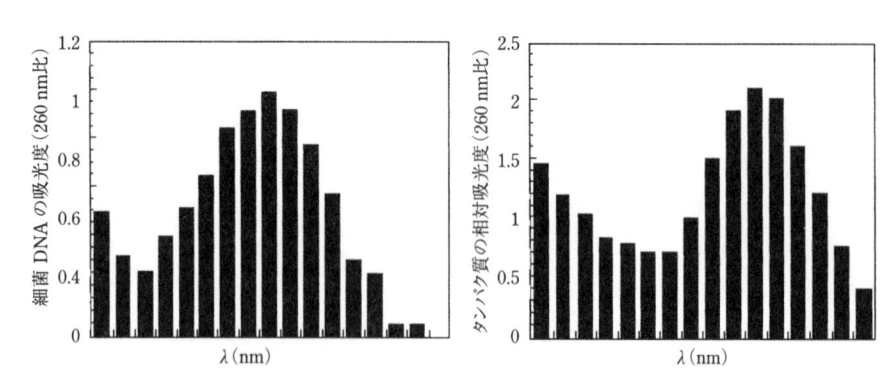

図50 細菌細胞物質の紫外吸収スペクトル（215〜290 nmにおける5 nm刻みヒストグラム）

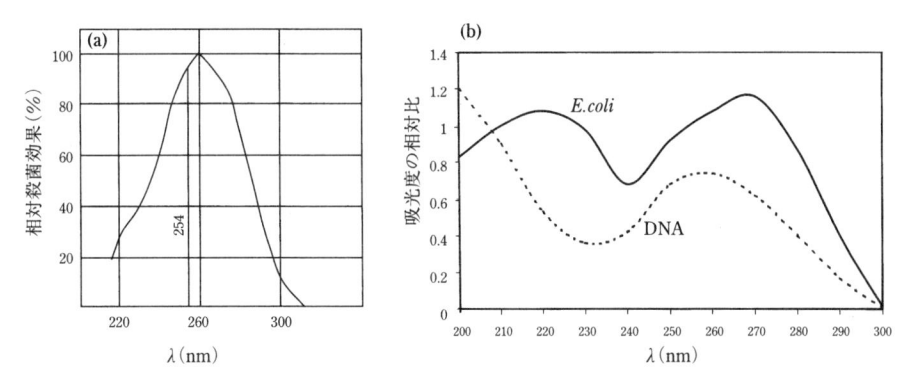

図 51 (a) 最大吸収 260 nm に対する紫外線の殺菌効果分布曲線, (b) 大腸菌（*E.coli*）と DNA の全体的な吸光度

3.2.2 消毒のメカニズム

殺菌効果曲線は，密接に核酸の主要な構成成分であるピリミジンの紫外吸光度曲線に一致する。その実例を図 52 に示した。

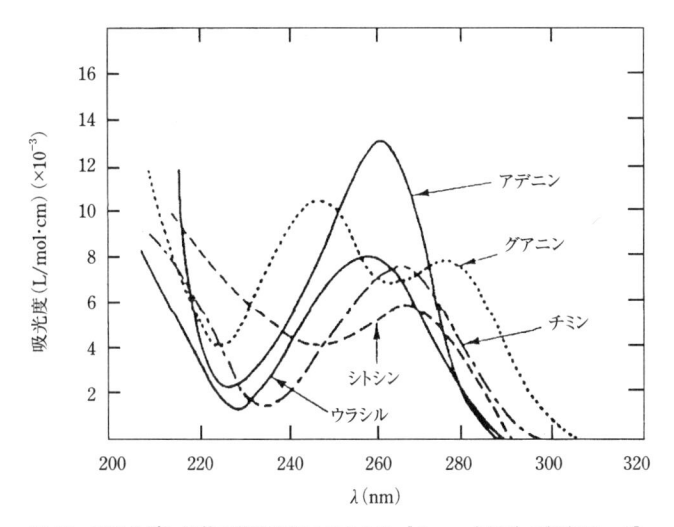

図 52 ピリミジン塩基の紫外吸収スペクトル ［Jagger（1967）の報告データ］

3. 飲料水消毒のための紫外線ランプの使用

核酸の UV-C 範囲の吸収は，核酸の一部を構成しているピリミジン塩基による紫外部吸収とほとんど一致する。核酸の異なるピリミジン塩基の光化学的な照射分解から，分離された生成物は主に二量体で，第一にチミンから，そして，第二にシトシンからのものである。吸光度の関数として関連している殺菌作用の曲線を図 53 に示す。

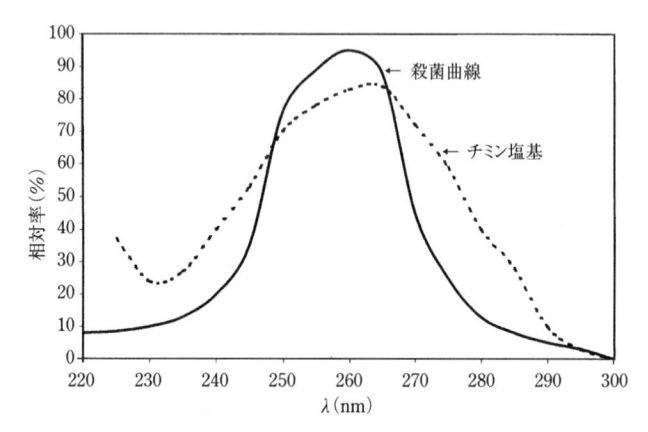

図 53　核酸のチミン化合物の紫外吸収スペクトルと殺菌効果の関係

例えば，細菌の減衰は，損傷を受けた核酸によるもので，増殖能力の欠如によるものと思われる。可能な修復メカニズムについても同じように考えられている。損傷を受けた核酸の修復は，様々なメカニズムで起こる［図 54(Jagger, 1967)］。

チミン二量体は，損傷を受けた核酸の構造を本来のものに戻すために，特徴として光(例えば，可視光線では青い光)を吸収する(もし同様に細胞の一般的なタンパク質構造が破壊されなければ，修正された DNA が修正されたプラスミド増殖を誘発することができるかどうかに関しては，未解決のままである。図 51(b)および図 55 を参照されたい)。

酵素による修復メカニズムは，UV-エキソヌクレアーゼ酵素と核酸のポリメラーゼを含めて解説できる(Kiefer, 1977；Gelzhäuser, 1985)。このプロセスは，核酸の一つの包みの移動に伴う二量体の切放し除去によると推測される。

紫外線に曝露後の細菌の修復は，一般的ではない。ある生物体は，修復能力を持たないようである(*Haemophilus influenzae, Diplococcus pneumoniae, Bacillus subtilis, Micrococcus radiodurans*, ウイルス)。他は，光回復能力を示した[*Streptomyces* spp.,

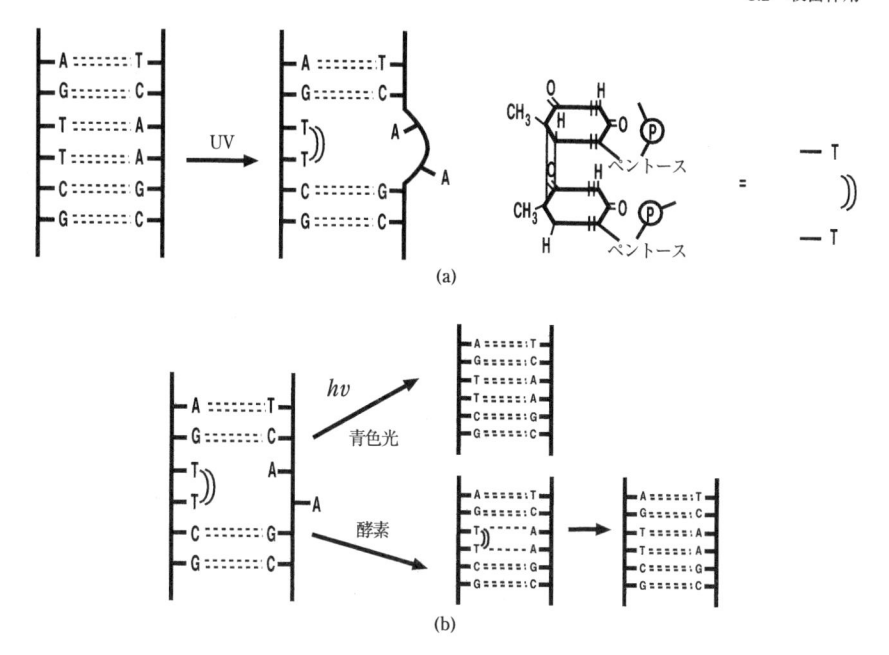

図 54 (a)チミン塩基の二量化メカニズム，(b)紫外線による損傷を受けた核酸の可能な修復メカニズムの概略図

大腸菌 (*E. coli*) と関連した腸内細菌，*Saccharomyces* spp., *Aerobacter* spp., *Erwinia* spp., *Proteus* spp.] (U.S.EPA, 1986)。類似したデータが報告されている (Bernhardt, 1986)。後に達した結論は，光回復を避けるために厳しい Bunsen-Roscoe 法則の概念に対して，追加の照射線量が必要であるということであった。ウイルスは，紫外線照射によって損傷を受けても，このような修復メカニズムは持たない。

より高い線量に曝露された後では，大腸菌群は修復の度合いが小さくなったり，全く修復できなくなることが示されている (Lindenauer and Darby, 1994)。さらに光回復のために，300～500 nm の波長の光への曝露は，殺菌効果を持つ光への曝露の後，2～3 h の範囲内の短い時間で起こさなければならない (Groocock, 1984)。より完全な光回復には，大腸菌 (*E.coli*) において 1 週間ほども必要かもしれない (Mechsner and Fleischmann, 1992)。

排水の処理において頻繁に観察された修復に関するさらなる情報は，第 5 章において述べる。しかし，紫外線作用の後の修復に関する調査は，一般に低圧単色光の

紫外線ランプへの曝露の後になされたものである。それは，より一般的な細胞の損傷を誘発することができるブロードバンド紫外線ランプへの曝露後における修復の決定的証拠がまだなかったためである。この点は，さらなる調査を必要とするかもしれない。

事前の結論として，酵素による修復メカニズムは，少なくとも2つの酵素システムを必要とする。例えば，チミン-チミン結合を分裂させるエキソヌクレアーゼシステム，また，DNAの相補的なひずみのあるアデノシンサイトで，チミン塩基を元通りにするポリメラーゼシステムである。しかしながら，適切な照射で，酵素は同様に変えられるようである。

処理後の増殖は，溶存有機炭素(DOC)が低い限り(例えば，1 mg/L未満)，配管(すなわち，暗闇の)を通して給水される水中では，観察されなかった(Bemhardt et al., 1992)。しかし，さらなる調査が進行中である。

それに加えて，文献における言及では，潜在的な修復メカニズムに関係している酵素も含めてタンパク質への多色放射UV-Cの持つ効果の可能性をたびたび軽視している。

3.2.3 タンパク質とアミノ酸に対する潜在的な効果

タンパク質は，主に芳香族の核(すなわち，チロシン，トリプトファン，フェニルアニリン，シスチン-システイン)を含んでいるアミノ酸によって図50に示すUV-Cを吸収する。トリプトファン塩基を含んでいるペプタイドは，従来の低圧水銀ランプの紫外線照射で光化学的な変化を起こすことが示されている(Aklag et al., 1990)。それらの間で，グリシル-トリプトファン二量体(タンパク質の単位)は，縮合した分子を生成することが示された。Ames試験による変異原性は，この構造上の修飾とは関連していない。例えば，システインにおいて図55に示したDNAタンパク質の架橋である[Harm(1980)に従うと]。

ここまでの調査は，とりわけ本質的に254 nmの波長を発している低圧水銀ランプ技術に集中している。中(高)圧ランプ(第2章参照)の放射スペクトルを考えると，タンパク質の光化学的な変化の重要性は，より高い最優先度(例えば，ウイルスのカプシドタンパク質と寄生体の構成タンパク質を劣化して)になるかもしれない。そのようなサイトへの反応は，塩素と二酸化塩素のような化学薬剤による消毒が本当に

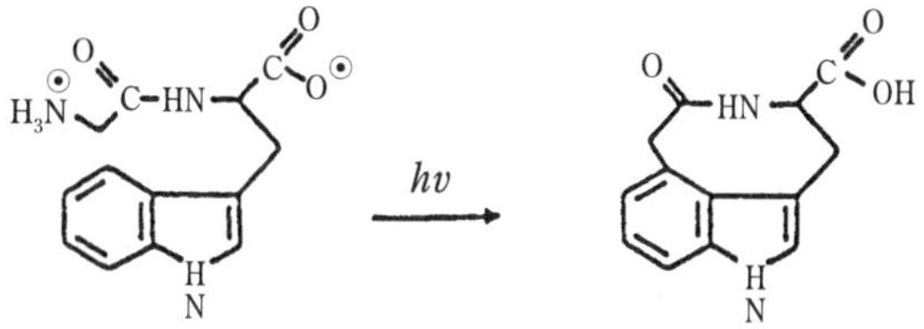

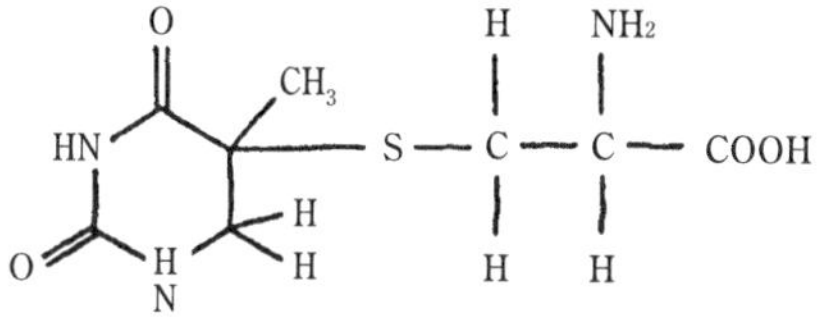

図 55 タンパク質の光化学反応の例

重要であると思われる。現在，この点については，特に細菌以外の生物体を不活化させる分野で活発に調査されている。

3.2.3.1　どうすれば細菌のタンパク質の紫外吸収現象を表すことができるか？

例として腸内細菌を使うと，乾燥重量は10^{-12}〜10^{-13} gの範囲にあり，その約半分は，主にタンパク質とタンパク質に関連する脂質に含まれる炭素である。細菌当り平均5×10^{-13} gとし，任意の濃度として，また6.02×10^6個/Lの細菌(つまり10^{-17} mol·細菌/L)を考えると，細胞のタンパク質の炭素質量に関しては，3×10^{-6}〜6×10^{-6} g/Lの結果となる。細胞のタンパク質の分子の質量は，1万〜5万(例外的に10万まで)まで変動し，それは10〜100 kDa(キロダルトン)に等しい。仮定として分子量を2万5000 ± 1万5000として，細胞のタンパク質の吸光度は，254 nmでおよそ100 L/mol·cmの範囲にあるとみなせるので，大部分の炭素が大ざっぱに細胞のタンパク質に結びつくと仮定すると，254 nmにおける潜在的な光学密度は，およそ既知の細菌濃度で，$(2.4 \pm 1.5) \times 10^{-8}$/cmとなる。しかしながら，細胞のタンパク質の全体的な吸光度は，より短い波長(≤ 220 nm)で増加し，それは一本鎖DNA(図50 参照)の吸光度にほぼ同等な4 000〜5 000 L/mol·cmになる。

また，若干の個々のアミノ酸は，紫外線の範囲で強く吸収する。例えば，チロシンは，220 nmで最大の吸収8 200 L/mol·cm，275 nmで第二の吸収1 450 L/mol·cm

3. 飲料水消毒のための紫外線ランプの使用

を示す。そして，トリプトファンは，220 nm で 3 万 3 000 L/mol·cm，275 nm で 5 600 L/mol·cm を示す。その酸化体でシトクロムCのような他の生命構成要素は，強く UV-C の範囲を吸収する。

3.2.3.2 どうすれば紫外線の吸収量から細胞のDNA（RNA）濃度を表すことができるか？

DNA のサイズは，通常，数千 kb（キロ塩基）として報告される。そしてそれは，二本鎖の核酸分子（細菌）において塩基対の 1 000 ユニットの長さ，あるいは一本鎖分子（バクテリオファージ，ウイルス）において 1 000 の塩基を表す。典型的な値は，ウイルスで 5 〜 200 kb，バクテリオファージで 160 〜 170 kb，$E.coil$ で 4 000 kb（一般的な細菌のマイコプラズマで，760 kb），イースト菌で 1 万 3 500 kb，そして，人間の細胞（平均）で 2.9×10^6 kb である。

大腸菌（$E.coli$）と DNA の核内部分を考慮すると，4 000 kb はおよそ 2.6×10^6 kDa（1 kb = ± 660 kDa，そして 1 Da = 1.68×10^{-24} g）を表す。これは細菌当り ± 4.4×10^{-15} g DNA を意味する。6×10^6 個/L の細菌濃度を例にとると，濃度は，およそ 2.6×10^{-8} g/L の核内の DNA を表すことになる。820 の塩基対につき平均モル質量で，L 当り 3×10^{-11} モル塩基対，あるいは水 1 L 当り 1.2×10^{-7} モル核内 DNA となる。

UV-C の範囲において，大腸菌（$E.coli$）から分離される DNA の吸収を図 50 に示す。分離された一本鎖 DNA は，260 nm でおよそ最大の吸収 5 200 L/mol·cm を示す。そして，分離した二本螺旋の DNA は 3 710 L/mol·cm となる（若干の内部保護効果は，二本鎖 DNA で起こる）。

> 注：報告されたすべてのこれらの値は，分離した DNA についてであり，細胞内での DNA ではない。事前の値として，1.2×10^{-7} mol/L の濃度に対して 4 500 L/mol·cm をとると，これは，254 nm において 5.4×10^{-3} /cm の推定光学濃度となる。

3.2.3.3 結論

- DNA とその構成する塩基（図 52 参照）では，200 〜 300 nm の範囲全体で，特に 254 nm の近くで強い吸収がある。生きている細胞構成物質でより豊富な細胞タンパク質は，短波長でより多くの紫外線を吸収する。
- 吸収の測定は，分離した材料に基づいて細胞構造の外で行われる。真の核内 DNA は，細胞の一般的なものによって保護されている。

- タンパク質と DNA の吸収は弱く，本質的には紫外線を透過する。
- このように，曝露線量は，不活化決定への可能性に移行，もしくは細胞の生命センター(致命的な標的)をヒットして不活化する。
- しかし，細胞のタンパク質は，一般により吸収性は少ないが，例えば，ウイルスや寄生虫のホスト細胞への侵入に関連する必要カプシド酵素の変化に関して，決定的なステップであるかもしれない。寄生体を不活化することでの中圧ブロードバンドマルチウェーブ紫外線の驚くべき効果がそのような光化学的な反応において見つけられるかもしれない。
- ウイルスなど寄生体がホスト細胞に侵入すためには，タンパク質分解の酵素に頼る。
- 200 〜 300 nm までの範囲において放射している多色放射のランプと，254 nm で本質的に発する古典的な単色ランプの潜在的な効率が全体的な効率評価において，考慮されなければならない。より永久的な消毒は，中圧マルチウェーブランプで，現場においてなし遂げられることができる。

1.1 で記述したように，日光の直射的な消毒効果は，水を直接に消毒するには十分の強さとはいえない。しかしながら，地球表面での太陽の照射の総強度は，平均 320 W/m^2 として評価される。ある波長の範囲では，UV-A/B 中圧水銀ランプは，一般的な太陽の放射より局部的に非常に高い強度を放射することができる(図 22 参照)。1952 年に 300 nm より長波長の可視光線の光子が微生物の増殖能力を抑制している(Bruce, 1958)ことが発見された。この不活化効果は，細胞質の中の一重項励起酸素の形成による結果(Torota, 1995)とみなされた。結論として，300 nm を超える波長の光子は，核酸以外の発色団の吸収によって微生物の減衰に重大な寄与をする。説明としては，細胞損傷から生じる細胞内イオンの漏出が取り上げられてきた(Bruce, 1958)。問題は，Kalisvaart(2000)によって分析され解説された。

3.2.4 ランプの殺菌効率の評価

低圧水銀ランプで放射される主な波長は 254 nm で，潜在的な効率は 95％(図 51 の曲線を参照)の範囲にある。これは，低圧水銀ランプは，その波長においておよそ 80 〜 85％を放射するので，潜在的効率は，全体の放射された全 UV-C 放射の 75 〜 80％となるためである。

3. 飲料水消毒のための紫外線ランプの使用

多色放射のスペクトルを放射している中圧(高圧)水銀ランプと類似したアンチモンランプ技術は，殺菌作用曲線に放射スペクトルを合わせることによって評価されなければならない。それゆえに，Meulemans(1986) は，潜在的に効果的な殺菌力を統合することをもとに 210 〜 315 nm の範囲に 5 nm 刻みのヒストグラム方法を開発した。

$$I = \Sigma \ [I(\lambda) \times S(\lambda) \times \Delta(\lambda)]$$

ここで，I：210 〜 315 nm の範囲における合計の潜在的殺菌的な放射パワー(W)，

$I(\lambda)$：5 nm の部分においての放射パワー(W)，

$S(\lambda)$：殺菌曲線の各 5 nm の部分中の潜在的な効率係数，

$\Delta \lambda$：5 nm の積分間隔。

ブロードバンド中圧ランプ(第 2 章参照)において，210 〜 320 nm までの範囲で放射される効果的な殺菌力は，放射される全体のおよそ 50%である。

3.3 線量効率の概念

3.3.1 基本の式

殺菌の速度論の基本的な表現は，一次式の反応 $N_t = N_0 e^{-k_1 t}$，外部パラメータが一定である限り，定数 k_1 の単位は，s^{-1} である。化学的な殺菌剤または照射(強度 I として)の追加に関しては，反応は二次反応の一つとなる $[N_t = N_0 e^{-kI_t}]$。これは，静的条件下で，殺菌レベルが曝露線量(I_t)の一次によって関係する Bunsen-Roscoe の法則である。

$$N_t = N_0 \exp -kI_t$$

ここで，N_t，N_0：それぞれ曝露前(時間 0)と曝露後(時間 t)における細菌(体積)濃度，

k：I に依存する一次減衰係数，

I_t：線量，照射の力 (J/m^2，さらに $mW \cdot s/cm^2$)。照射線量の SI 表示は，J/m^2 である。それは 0.1 m の $W \cdot s/cm^2$ に等しい。いろいろな言葉が I に対して使われる。パワー，放射強度，放射束，フラックス，または放射束密度。

理論において，有効な線量は，吸収した線量である。しかしながら，3.2.3 で記述したように，式は直接の曝露線量に基づいて表される。異なる波長で関連している

表7 異なる波長における潜在的な効率係数

λ (nm)	S(λ)	λ (nm)	S(λ)	λ (nm)	S(λ)	λ (nm)	S(λ)
210	0.02	240	0.47	270	0.93	300	0.18
215	0.06	245	0.61	275	0.83	305	0.10
220	0.12	250	0.75	280	0.72	310	0.05
225	0.18	255	0.88	285	0.58	315	0
230	0.26	260	0.97	290	0.45		
235	0.36	265	1.00	295	0.31		

注) 値は,Meulemans(1986)による報告に基づく。Cabajet ら(2000)は,最近さらに短い波長[図 51(b) 参照]における効率を報告している。しかし,アプローチの原理は同じである。

効率を考えて,適当な補正ファクタを用いるならば,後者は効率的な照射の可能性を表す(例えば,**表7** 参照)。

基本の速度式は,線量(J/m^2)に関して表される。そして,それは化学的な酸化剤による消毒の場合の濃度と同様に表す。潜在的に有効な線量は,記述されるガイドラインに従って評価され,そのうえ **3.7** で概説する幾何学的なファクタの関数として評価される必要がある。

減衰法則は,$\log_e$ と同様に $\log_{10}$ が基礎となり,通常,$\log_{10}$ の表現が使われる。

$$\log \frac{N_t}{N_0} = -k_{10} I_t$$

D_{10} 線量は,与えられた体積における細菌計測数が 1/10 に減少する時の線量である。Bunsen-Roscoe の法則が成立する限り,この値は,要求される log 減少に対して,例えば 4 log 減少のためには,$4 \times D_{10}$ と計算でき,必要な線量がすぐ得られる。

照射線量と残った細菌体積濃度との間の対数的な相互関係によれば,与えられた体積での生き残った細菌の数は,決して 0 にはならない。さらに高い減少率で,矛盾はたびたび照射線量と細菌濃度の log 線形関係で起こる。この効果は,与えられた細菌の数および菌株のために,潜在的に殺菌に抵抗力のある菌体の限られた数が水に存在すると仮定すれば説明できる。保護されている菌体を N_p とする。

それに応じて,Bunsen-Roscoe の法則の式は書き換えられ(Scheible,1985),

$$N_t = N_0 \exp(-k_{10} I_t) + N_p$$

数 N_p を N_t より非常に小さいとみなすことによって,Bunsen-Roscoe の法則は,数十倍の減少の間で適用できるようになる。

3. 飲料水消毒のための紫外線ランプの使用

3.3.2 致死線量の決定方法

3.3.2.1 コリメータ法

その一つは，既知の放射スペクトルが調整されているランプを使う方法である。最も一般的に使用されている方法の概要を図 56 に示す。

最初に紫外線強度を測り記録する。この較正の後，検出用の円筒を用いて，検量された光電

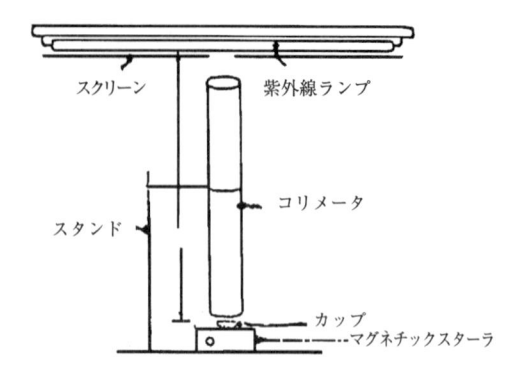

図 56 D_{10} 測定のための装置の組立て(試験所のコリメータ法)

セルの窓と同じサイズのカップに細菌懸濁液を入れる。カップは反射を避けるために，最も強く紫外線を吸収する材料でできている。懸濁液は，様々な時間で紫外線に曝露され，そして，曝露後に生き残った細菌数を数えてデータとして処理される。試験は少なくとも繰り返し3回行わなければならない。

光電セルに関しては，それらはほとんど波長 254 nm で検量される。多色放射光源を使う時，再び紫外線光源(例えば，5 nm 刻みヒストグラムによって)の放出スペクトルとセンサの検出率の両方について，他の波長での検出感度に関する情報を得て，全体を統合することが必要である。

センサで検出され，強度を感知して測定する。線量の計算において使われる本当のパワー(またはフラックス)のために，その約 4 ％が自由な水表面の反射によって消失すると推定されるかもしれない。言い換えると，光電セルによって計られるパワーは，線量の計算において 4 ％減らされなければならない。

もし水が紫外線 UV 範囲をかなり吸収すると見込まれるならば，Beer-Lambertの法則に合う吸収係数の補正ファクタが適用されなければならない。

$$I = I_0 \times 10^{-Ad} = I_0 \times e^{-Ed}$$

ここで，I_0：強度のブランク測定値，
　　　A, E：それぞれ異なる波長での吸光度もしくは吸光係数，
　　　d：液層の厚さ。

通常，水層の厚さは非常に薄い。そのため，この補正は無視できる。競合的な吸収による補正のため，より精巧な方法論を 3.7.2 で記述する。

そのような補正を操作するために，水(または他の液体)の吸収スペクトルは，知られていなければならない。飲料水の一般的な吸収スペクトルに関して，**表8**で示すように5 nm刻みヒストグラム(示された± 2.5 nmとしてのλ)においてきれいな飲料水の照射強度損失を考慮することができる。

表8　5 nm刻みヒストグラムにおける清浄飲料水の照射強度の損失

λ(nm)	A(/cm)	E(/cm)	透過/cm(%)	λ(nm)	A(/cm)	E(/cm)	透過/cm(%)
200	0.32	0.74	48	255	0.07	0.15	86
205	0.21	0.42	62	260	0.07	0.14	85
210	0.17	0.4	67	265	0.076	0.17	84
215	0.12	0.27	76	270	0.086	0.2	82
220	0.10	0.23	79	275	0.086	0.2	82
225	0.1	0.22	80	280	0.065	0.15	86
230	0.09	0.21	81	285	0.065	0.15	86
235	0.09	0.21	81	290	0.056	0.13	88
240	0.09	0.21	80	295	0.05	0.12	89
245	0.1	0.21	79	300	0.056	0.13	88
250	0.07	0.14	85				

3.3.2.2　紫外線に曝露されるカップサイズのための補正

しばしば平行光線の下に位置する照射に曝露される液体カップには，平行光線の正確な寸法もセンサの正確な寸法も示していない。したがって，幾何学的な補正が必要である。推奨される手法は，光線の中心焦点から0.5 cmの距離ですべての横 X-Y 方向にセンサで強度を検出し計ることである。このように記録されたすべての値を合計した後に，中心焦点で記録される強度の値ならびに測定数によって割り，平均の曝露強度と，その結果から曝露線量を得る(この補正については，たびたび文献において省かれているようである)。詳細は，Treeら(1997)を参照されたい。

3.3.2.3　浅い水深の反応器

浅い水深の開放型水路の反応器も，参考のための線量(Havelaar et al., 1986)を確立するために使われることがある。さらに，複数ランプ反応器が使われると，技術としては中圧(高圧)多色放射光源の完全な効率の直接評価にはより好ましい。反応

3. 飲料水消毒のための紫外線ランプの使用

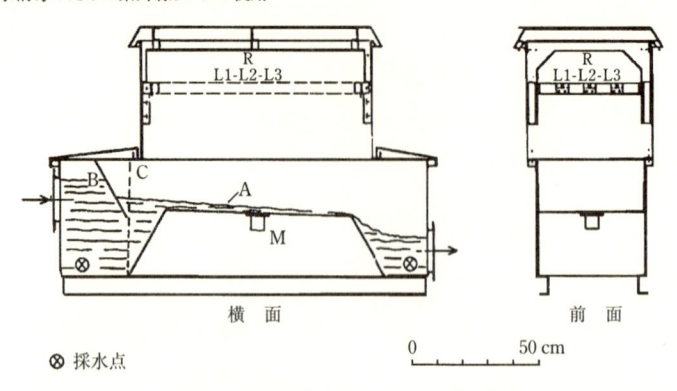

図 57　致死線量評価の浅床式反応器の概要

器の概略を**図 57** に示す。

　水は，平らな床(A)の上を直径 6 mm の多孔板(C)とバッフル(B)によって合理化され管理されたパターンで流れる。紫外線照射は中圧で行われ，図示されるのは，Berson 2 kW の紫外線ランプ 3 本がランプ当りおよそ 150 W (UV-C)の出力で，アルミニウム屋根(R)によって水層に反射される装置である。サンプリング点(X)は，入口と出口の位置(オプションとして冷却装置付きの自動採水装置付きもある)にある。6 つの石英窓(M)は，照射される床(A)に設置されていて，これらの場所で，UV-C の値を計る(使用例として，余弦補正で UV-C/P フィルタを使用した MACAM タイプ 3 つの光度計を備える)。水深は水の流れに依存するが，1 〜 3 cm の間にある。そして流量は 10 〜 30 m^3/h の間に保たれる。正確な水深は，接触センサで制御される。ブランクの標準は蒸留された超純水で行われる。そして必要ならば，利用できる強度は Beer-Lambert の法則によって補正される(水層の厚さが少ないので，飲料水の代わりに汚水ならびに他の吸収液体を用いる場合は，この補正で表す)。

3.3.3　D_{10} の報告された値

　D_{10} (J/m^2) の広く認められた値を**表 9** に示す。不均一な細菌数から得られる総プレートカウントに関して，データの典型的な集合を**図 58** に示す。

　キセノンパルス技術の場合，要求される効率は，300 J/m^2 において，腸内細菌に対して 6-D_{10}，エンテロウイルスに対して 2-D_{10} である。クリプトスポリジウムのオー

3.3 用量効率の概念

表9 飲料水中で最も直接的に関係する菌体に対する 1 - D_{10}

生　物[a]	1-D_{10}	生　物[a]	1-D_{10}
Bacterium prodigiosus	7	*P.aeruginosa*	55
Legionella pneumophila	9.2	感染性A型肝炎ウイルス (HVA)	58〜80
B.megaterium (vegetative)	11	体細胞熱型大腸菌ファージ	60[b]
Streptococcus viridans	20	*Streptocpccus lactis*	61
Yersinia enterocolitica (ATCC 23715)	20	*Micrococcus candidus*	63
Legionella pneumophilia	20〜50[b]	*Enterobacter cloacae* (ATCC 13047)	65
Eberthella typhosa	21	*Vibrio cholerae*	66
Shigella paradysenteriae	22	*Salmonella thyphimurium*	80
Dysentery bacilli	22	*Enterococcus faecalis* (ATCC 19433)	80
Streptococcus hemolyticus	22	*Streptococcus faecalis*	80[b]
乳 (*Torula sphaerica*)	23	*S.faecalis* (野生株)	82
Serratia marcescens	25	ロタウイルス	90
Salmonella typhi (ATCC 19430)	25	アデノウイルス	300
Escherichia coli (ATCC 11229)	25	*Bacillus subtilis* (胞子)	80〜120
Klebsiella pneumoniae (ATCC 4352)	25	*Micrococcus sphaeroides*	100
Proteus vulgaris	27	*Clostridium perfringens* (胞子)	100〜120
Bacterium megatherium (胞子)	28	ファージf-2 (MS-2)	120[b]
Citrobacter freundii	30〜40	*Chlorella vulgaris* (藻類)	140[b]
ポリオウイルス	32〜58	*Actinomyces* (野生株胞子・*Nocardia*)	150〜200
レオウイルス	110	ファージf-2	240
Bacillus paratyphosus	32	*Fusarium*	250〜350[b]
ビール発酵菌	33	感染性膵臓壊死 (ウイルス)	600[b]
Corynebacterium diphteriae	34	タバコモザイクウイルス	750[b]
Pseudomonas fluorescens	35	*Giardia lamblia* (シスト)	(400〜
パン発酵菌	39〜60		800)[c]
S.enteritidis	40	*Lamblia-Jarroll* (シスト)	700[b]
Phytomonas tumefaciens	44	*L.muris* (シスト)	700[b]
Neisseria catarrhalis	44	*Cryptosporidium* オーシスト	7〜10[c]
B.pyocyaneus	44	菌類胞子	150〜
Spirillum rubrum	44		1 000
B.anthracis	45	*Aspergillus niger*	440〜
Salmonella typhimurium	48		1 320[b]
Aerobacter aeromonas	50[b]	微小動物と寄生植物	1 000 (?)
E.coli (野生株)	50	珪藻植物	3 600〜
E.coli (野生株)	50[b]		6 000
コリフォーム	50〜60[b]	緑藻類	3 600〜
Bacillus subtilis (胞子)	300〜400[b]		6 000
Bacterium coli	54	藍藻類 (シアノバクテリア)	3 000
Pseudomonas aeruginosa	50〜60[b]		

注) 線量は, J/m^2 で表される. pH 7, 22℃において, 太陽光がない状態で, 清浄な水にそれぞれの菌体を懸濁して確かめたもの. 減衰曲線の線形部分で評価設計において適当な安全係数を設定する必要がある. ここに示す 1-D_{10} 線量は, 文献を比較編集したものである.
  a 硝化細菌 (*Nitrobacter*, *Nitrosomonas*) に特定したデータはない. 排水処理の事例を比較すると, 硝化された流出水は, 未硝化の流出水に比べ高い紫外線線量を必要とする.
  b 中圧ランプにおいて評価された具体的データ.
  c データは, 種によって2つの要因により変化することがある. 中圧ブロードバンドのランプは, より効果的である. *Giardia lamblia* シストの 400 〜 800, *Cryptosporidium* シストの 7 〜 14 における 1-D_{10} (原虫のオーシストの場合, 結果は, 計数法に依存する. 脱嚢あるいは *in vivo* テスト).
  d 追加文献. Bukhari et al., 1999 ; Clancy et al., 1998 ; Clancy et al., 2000 ; Clancy and Hargy, 2001 ; Hargy et al., 2000.

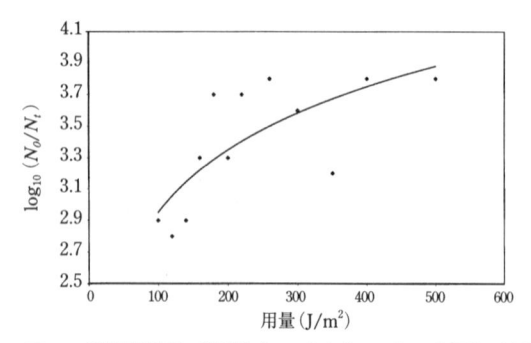

3. 飲料水消毒のための紫外線ランプの使用

図58 紫外線線量に伴う総プレートカウント(TPC)細菌の減少

シストに対して 4.3-D^{10} である。そして 400 J/m^2 において，腸内細菌に対して 7.5-D_{10} となり，エンテロウイルスに対して 2.6-D_{10}，クリプトスポリジウムのオーシストに対しては，4.6-D_{10} となる（Lafrenz, 1999）。本当の条件の長期の実験はまだ確かめられる必要がある。

紫外線による水の殺藻処理のために必要な線量は，経済的に実行可能であるにはあまりにも高く，大きな流量の処理には，非常に大きい反応器を必要とする。これらの理由に加えて，さらに例えば，殺藻光分解の副生成物が潜在的に生成するといった他の理由ために，藻と類似した生物体の除去には，水処理において現在使用されている他のプロセスに頼らなければならない。

表9のbとマークされたデータの大部分は，Havelaar ら(1986)による。それらは中圧水銀ランプで行われ測定された。しかし，バクテリオファージ f-2 の場合を除いて，UV-C の範囲（3.2 参照）における統合方法が 254 nm の低圧水銀ランプで得られたものと等しい結果を与えるということが観察されたことは喜ばしい。中圧ランプで放射される光の部分の細胞のタンパク質による吸収がこの解釈であった。しかし，今のと

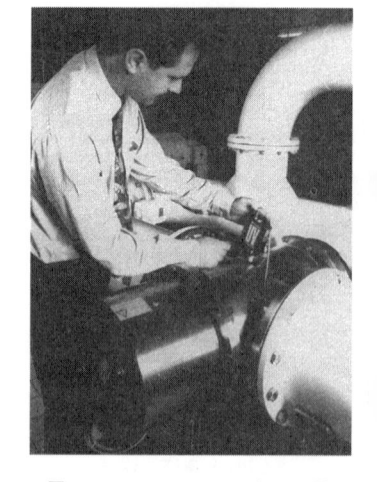

図59 *Aeromonas aerobacter* 除去におけるマルチウェーブ紫外線を発生する8本の中圧水銀ランプの紫外線反応器（オランダ Culemberg に Berson により設置。T_{10} = 78%の時 360 m^3/h）

ころこの仮説は，まだ多くの調査を必要としている。

　紫外線による微生物と寄生体の殺菌効果は，理論の面については，ほとんど何も知られない。しかし，クリプトスポリジウムのオーシストに関する限り，ブロードバンドとマルチウェーブランプの能力は現場でかなり確立されている（図59）。

3.3.4　水温の効果

　ランプ温度の影響は，第2章において解説した。22℃の致死線量に関する水温の直接効果は，飲料水処理では取るに足りない。水温10℃の増加もしくは減少によって，効果は5〜10%以下の促進または抑制となる（Meulemans, 1986）。

3.3.5　pHの効果

　水のpHの相補的な効果は，あまり調査されなかった。蒸留水の実験では，一般にpHは7に維持されており，飲料水の調査において，pHは7と8の間であった。

3.4　代表的なテスト菌体

　D_{10}値の表から，*Enterococcus faecalis*は，腸内細菌グループのための代表的なテスト菌体であるとみなすことができる。また，*Clostridium perfringens*の胞子，またはバクテリオファージ f-2(MS-2)は，エンテロウイルスより耐性が強い。胞子はたびたび致死遅滞相（3.6参照）を示す。バクテリオファージ f-2は，ウイルス不活化の効率をチェックする比較的容易で代表的な基準である（Severin et al., 1984；Havelaar and Hogeboom, 1984；Havelaar et al., 1986；Masschelein et al., 1989）。また，Maierら（1995）やISO-DIS 10705（1993）Part 1を参照されたい。

　1.3という安全係数は，バクテリオファージ f-2(MS-2)の4-D_{10}として得られた値と観察された値に対して，ウイルスの4-D_{10}の不活化に適用するために提案された。なんらかの実験的な状況では，2〜3 log減衰の後に，テーリングとして，2つの相の減衰曲線が観察される（Martiny et al., 1988）。そのような場合，線量による経験的な相互関係は，次のように提案されている［線量 = $a[\log(N/N_0)]^2 - b\log(N/N_0) - c$］

(Wright et al., 1999).

寄生虫，特にクリプトスポリジウムのオーシストに関しても，致死遅滞相が存在するようである(Finch and Belosevic, 1999)。調査にはオーシストの非常に高い濃度の懸濁液を必要とするが，それは現場での本当の寄生虫濃度とは一致しない。

3.5 紫外線消毒における競合的効果

3.5.1 飲料水の構成成分との競合的な吸収

吸光度（常用対数）は，水銀輝線の 254 nm で測定される。技術的なデザインの中で評価するために，10 cm 層での透明度測定は適切である。潜在的に飲料水中に存在する普通の構成成分に関するデータを表 10 に示す。

表 10 飲料水の潜在的な成分の 254 nm の吸光度

要　　素	$A(/\mathrm{cm})$	$T/\mathrm{cm}(\%)$
超蒸留水	10^{-6}	99.999…
良質の地下水	0.005 〜 0.01	79 〜 89
良質の給配水	0.02 〜 0.11	63 〜 78
重炭酸イオン (315 mg/L)	35×10^{-6}	99.92
炭酸イオン (50 mg/L)	4×10^{-6}	99.99
硫酸イオン (120 mg/L)	48×10^{-6}	99.9
硝酸イオン (50 mg/L)	0.0025	99[a]
$Fe^{3+} - Fe(OH)_3$ (Fe として 200mg/L)	0.04	91
アルミニウム水酸化物 (Al として 0.2 mg/L)	254 nm では微少	
水中の自然のフミン酸（スイス Wuhrmann-Berichte EAWAG よる）	0.07 〜 0.16	70 〜 85
比較情報 二次処理の放流水 高濃度のフミン酸を含む地下水[b]	 0.17 〜 0.2 0.11 〜 0.5	 63 〜 68 32 〜 78

a 硝酸イオンの吸光度と亜硝酸生成の可能性については，第 4 章で触れる。フミン酸は，254 nm の紫外線の吸収において主となる光学妨害を起こす。もし自然水に存在する場合は，それらを適用前に除去しておいた方がよい。
b Eaton(1995)参照。

より多様化した光放射を持つマルチウェーブランプは，254 nm においても放射に関しては少ないが，有効に残している。

3.5.2 運転パラメータ

実際的な経験から，紫外線殺菌方法は，設計段階での特定評価が要求され，もし，次のパラメータのうちの1つが示されている制限値を超えるならば運転中の特別な注意を必要とする(濁度，色度，鉄含量，BOD_5，懸濁物，アミノ酸とタンパク質)(**表11**)。

表11　紫外線消毒で注意すべき水質項目

濁　度	40 ppm > SiO_2 あるいは 16 NTU
色　度	> 10°Hazen
鉄含量	> 4 mg/L
BOD_5	> 10 mg/L
浮遊物質(SS)	> 15 mg/L
アミノ酸とタンパク質	> 3 mg/L

濁度は，たびたび考慮される重大なパラメータである。しかし，光の散乱経路は増える。そして，若干例では，濁度が消毒効率を促進する影響を及ぼすことがある(Masschelein et al., 1989)。事実，一般的な UV-C の吸収は，考慮される項目を包括的に示すので重要である。

　注：前段でつくられたクロラミンは，飲料水の現状においては UV-C の殺菌力を低下させない。それに加えてそのような条件では，モノクロラミンの有無に関わらずトリハロメタン(THMs)は生成しない。吸着性ハロゲン化有機物(AOX)は，紫外線の単独利用では生成されない。しかし，モノクロラミンが事前に存在した水を照射する時に生成することがある(Blomberg et al., 2000)。マルチウェーブ中圧水銀ランプは，事前に存在しているクロラミンを壊す(B. Kalisvaart, private communication, 2001)。

3.5.3 溶解物の重要性

過度に溶存している鉄は，妨害効果を示すが，いわゆる NOFRE 効果と呼ばれる潜在的な触媒効果を発揮すると記述されている(Dodin et al., 1971；Jepson, 1973)。藻の抽出物への紫外線照射時における鉄の触媒効果は，最近，Aklag ら(1990)によって調査された。しかし，それは従来の線量率では取るに足りないものである。

3. 飲料水消毒のための紫外線ランプの使用

溶存タンパク質の競合効果は，最初に Mazoit ら (1975) によって記述された。この情報は，すべて低圧ランプ技術に関係したものである。さらなる証拠は，最近の調査において見つけられており，それについては 3.1 で述べている (Aklag et al., 1990；Bernhardt et al., 1992)。

いくつかの一般的な有機化合物の潜在的な効果は，例えば，図 60 のようにそれらの吸収スペクトルで図示される。品質の良い飲料水は，254 nm において 0.02 〜 0.11 の範囲 (3.5.1 参照) の吸光度を持ち，紫外線による飲料水の消毒において，1 〜 2 mg/L より低濃度の有機化合物による直接光化学的干渉は取るに足らない。また，光化学的な併用酸化過程に対しても必要ではない (第 4 章)。254 nm での吸光度 (常用対数，L/mol·cm) の例は，ナフタレンに対して 2 610，塩素化ビフェノール類 (PCBs) に対して 1 万である (Glaze, 1993)。それゆえに，例えば，2 mg/L の溶存有機炭素濃度レベルでの PCBs は，追加の吸光度 0.025 に相当し，254 nm の紫外線の消毒効率において光学的な干渉を示すことになる。

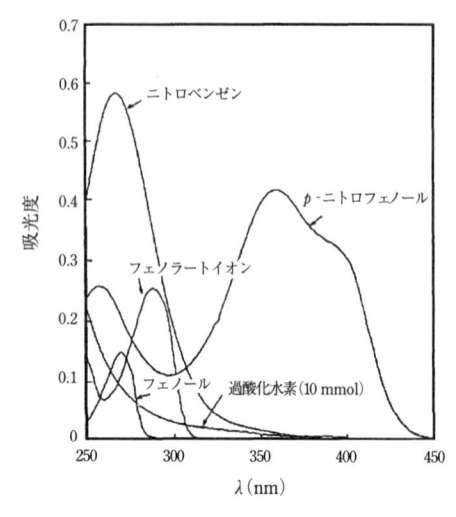

図 60 典型的な有機官能基の紫外吸収スペクトル (Lipczynska-Kochany, 1993。cm 当り吸光度。常用対数)。有機化合物濃度は，0.1 mmol，例えば，10 〜15 mg/L。

現在の知識による仮の結論として，飲料水中の有機微量汚染の低い濃度での競合的な光学干渉は，紫外線で消毒している過程では限界に近い重要性として残る。光化学的な酸化においては，結論の異なることがありえる (第 4 章参照)。

近年，臭素酸イオンの問題が持ちあがっている。その濃度が mg/L 以下である限り，紫外線殺菌の範囲内での次亜臭素酸イオンの吸収は弱い。図 61 に示すように，mg/L 以下のレベル (図 61 での濃度は 0.15 mg/L) での臭素酸イオンの吸光度は非常に小さい。そのため，従来のランプ技術で飲料水中の低濃度におけるイオンの直接光分解は期待できない。200 〜 220 nm の範囲に放射するランプでは，いくらかの効果 (図 61，および図 21，22，27 参照) がある。

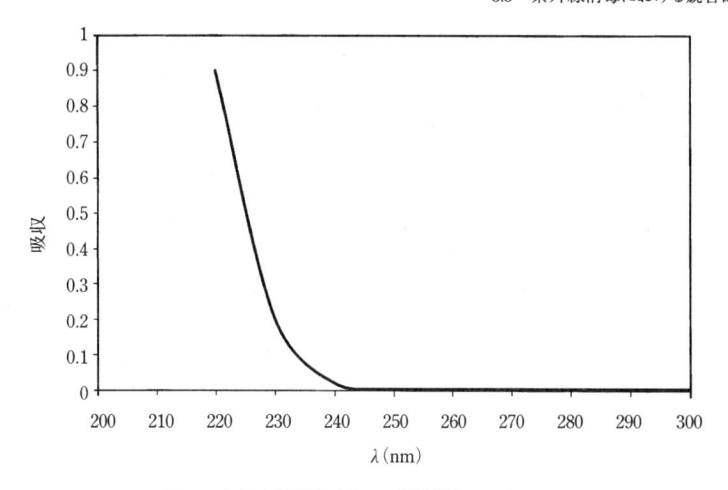

3.5 紫外線消毒における競合的効果

図 61 水中の臭素酸イオンの紫外吸収スペクトル

図 62 醸造所におけるプロセス水の紫外線消毒 (T_{10} = 95%, 500 J/m²)
（Berson 設置。図 21, 22, 27 参照）

3.5.4 人工の光学的干渉を用いた調査

パラオキシ安息香酸は，フミン酸の吸収に匹敵した吸収スペクトルを持ち，溶液中の光学的な競合吸収剤として使うことができる（Severin et al., 1984）。吸光度は，また調査中の水の pH にも依存する。そのことを図 63 に実例で示した。

パラオキシ安息香酸は，それ自身単独で殺菌的な効果はない。pH 7 における

3. 飲料水消毒のための紫外線ランプの使用

10 mg/L の濃度では，8 000/cm（254 nm で）の吸光度となり，それは紫外線の吸収に対して直接の競合相手として加わる。この方法は，254 nm における反応器のモデリングでうまく適用された(Masschelein et al., 1989)（3.7 参照）。もし多色放射光源で使われるならば，全体的な競合効果を評価するために再び 5 nm 刻みヒストグラムを基礎とした吸光度による補正が必要である。

フルボ酸の使用は，例えば，Christman によって記述された方法によって確立されており，光学的なマスキングの代わりとして使われる(Severin et al., 1984)。

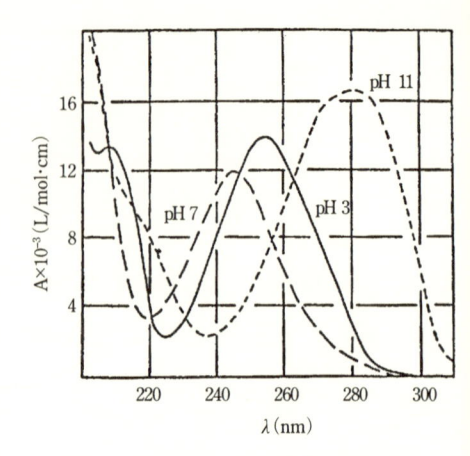

図 63 p-ヒドロキシル安息香酸の紫外吸収スペクトル

3.6 マルチヒット，マルチサイトとステップバイステップ殺菌概念

実験的なデータはたびたび低い線量（すなわち，与えられた技術のための短い照射時間に）で，$\log(N_t/N_0) = -kI_t$ の線形機能に対して矛盾を示し，たびたび致死遅滞相がある。技術的な見解から，この問題は設計段階で特別に安全な線量を与えることによって解決することができる。そのことは *Bacillus subtilis* 芽胞の調査研究においてなされた(Qualils and Johnson, 1983)。致死遅滞相は，しばしば低い線量への曝露後，部分的な光回復の結果とみなされる(Bernhardt et al., 1996)。しかしながら，この現象は光回復できない多細胞の生物体（菌体）においてもより明確に見られる。致死遅滞相は，化学消毒の文献の項でたびたび参照することができる（例えば，Masschelein et al., 1981)。より基本的な説明は，連続的な反応の概念と同様にマルチヒットとマルチサイト理論に基づく。

生物体を殺す，もしくは不活化するためには，n 個の「致死的なサイト」の各々が活性な光子によってヒットされなければならないと仮定する。また，各サイトと過

3.6 マルチヒット,マルチサイトとステップバイステップ殺菌概念

剰の光子の反応には擬一次反応を仮定する。もし一次の反応速度式の定数が，与えられた種類の生物体（これは確かに基本的知識の現状での弱い点であるが，合理的な仮説である）の各サイトに対して等しいならば，そのような準備の仮定で，n 個のサイトがヒットされ，そして時間 t の範囲内で生物体が不活化されるであろうという可能性に関して次のように表現することができる。

$$P_t = (1 - e^{-k_t})^n$$

そして生存した生物体の関数として,

$$1 - P_1 = \frac{N_t}{N_0} = 1 - (1 - e^{-k_t})^n$$

最初の式において，二項分布を用いて高次元の項を無視すると,

$$P_t = 1 - n\,e^{-k_t}$$

そして減衰率は,

$$\frac{N_t}{N_0} = n\,e^{-k_t}$$

あるいは,

$$\log \frac{N_t}{N_0} = -\frac{k_t}{2.3} + \log n$$

元のものに対して，t と $\log(N_t/N_0)$ のプロットの線形部分を外挿することによって，$t=0$ における切片が $\log n$ に一致することになる。低い曝露線量での現象をより密接に研究するためには，以下の実験的な（または類似物）反応器が推奨されるかもしれない（Masschelein, 1986；Massuhelein et al., 1989）。

強度の小さい冷陰極ランプ光が使われる。ランプの放射部分は水中へ沈められる［例えば，Philips TUV-6W(e) の光源］。これはランプの光学ガラスによって構成要素の 185 nm が除去され，単に 254 nm を放射するだけの単色光源である（第 2 章参照）。ランプの直径は 2.6 cm で，放射する長さは 7 cm，そして，放射される紫外線 254 nm の強度は 0.085 W である。ランプは瞬時に発光し，そのうえ適当なタイマ（例えば，Schleicher-Mikrolais KZT-11）を使うことにより 0.5〜10 秒間継続するフラッシュ発光も可能である。照射時間と点灯時間の小さな補正は，非常に短時間ではあるが必要である（図 64）。熱陰極ランプに対しては，完全な状態を得るまでの加熱時間も非常に長い。ランプは，その期間は遮られ，時間 t_0 で遮断物を移動する。

ランプは，異なる直径の一連の容器に取り付けられ，容器は試料液で満たされ，

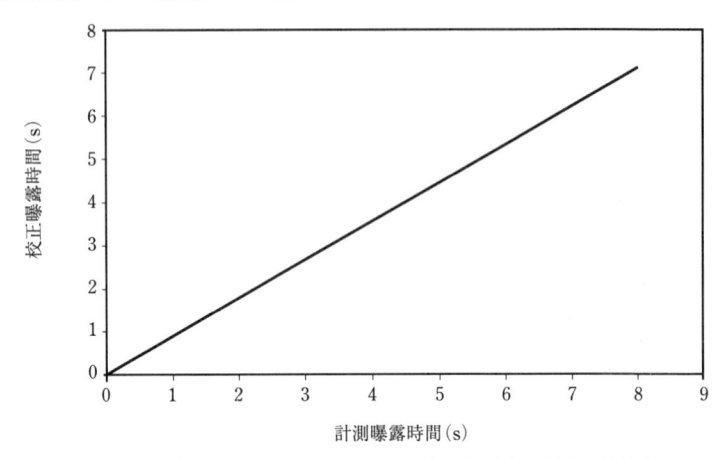

3. 飲料水消毒のための紫外線ランプの使用

図64 20～22℃水中の TUV-6W(e)ランプの瞬間点灯に対する曝露時間の較正

マグネチックスターラで完全混合とする。曝露線量は，幾何学的なファクタ m で補正される（**3.7** 参照）。結果の全体を**図65**に示す。

最も典型的な例は，*Citrobacter freundii* である。研究された菌株 E-5 と E-10 においては，互いに n 値は 3 となった（**図66**）。調査された細菌の多くは，例外を除いて，

① *Proteus mirabilis* ($n=20$)
② *Citrobacter freundii* ($n=3$)
③ *E.coli* (spl) ($n=2$)
④ *E.coli* C ($n=2$)
⑤ 完全混合の④と同じ

Citrobacter freundii（株：●E-5；▲E-10）

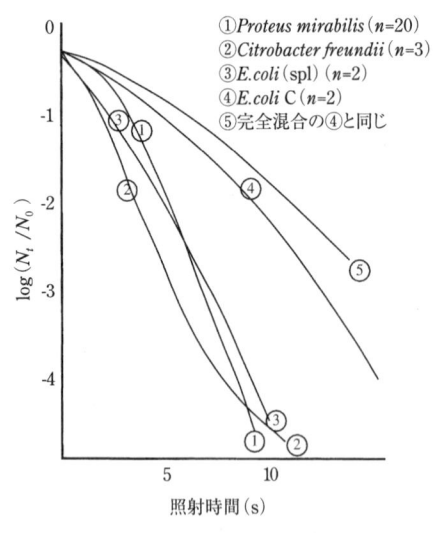

図65 致死遅延相に関する実験結果（Masschelein, 1992, 1996）

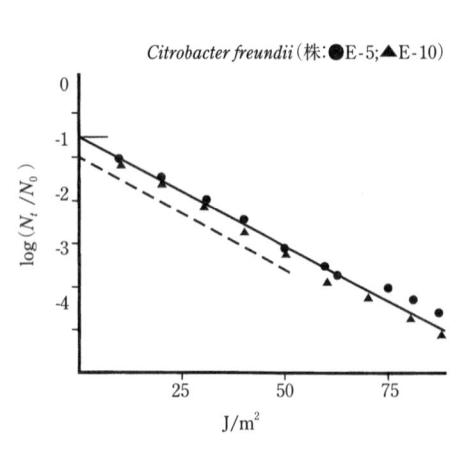

図66 水中の *Citrobacter freundii* の標準減衰曲線（Masschelein, 1992）

3.6 マルチヒット,マルチサイトとステップバイステップ殺菌概念

n 値が 2 と 4 の間で示される。そして，その例外の *Proteus mirabilis* は，外挿の精度不足を考慮すると，それは約 20 のむしろ推測的な値を示す。しかし，値は高い。

このアプローチに対して，n 値に注意することは価値がある[すなわち，紫外線照射での細菌について得られる 2 から 4 という値は，化学薬剤での致死遅滞相に関する調査において観察されるものに似ている (Masschelein et al., 1981, 1989)]。

Qualls と Johnson (1983) によって報告されている *Bacillus subtilis* の胞子の実験では，$\log n$ 値は 1.01，もしくは $n = 10$ ($r = 0.98$ の統計的信頼値で) であった。これは多分，胞子が集団の形で水の中で生き残るだろうことを示す。

マルチサイトの殺菌効果の概念によれば，1つの菌体の中の異なる致死的なセンターサイトが各々1度ヒットされて不活化される。n 値は，細菌の初期体積濃度から独立している。したがって，減衰曲線の線形部分は，すべて平行となる。減衰が起こる前に，与えられた致死的なセンターサイトが何回かヒットされなければならないマルチヒット概念においては，異なる初期体積濃度についての減衰グラフの直線部分は平行にはならない。例えば，この効果は，クリプトスポリジウムのオーシストのような原虫の不活化で重要であるかもしれない。増殖の与えられた期間，原虫は，実際には多細胞を含むシストの形で存在する。しかしながら，実験的なデータに基づいて2つの効果を明らかに識別することは難しい。

部分的に，ヒットされた細菌も照射後，潜在的に修復することができる (Severin et al., 1984)。したがって，少なくとも最小限の数の連続的なステップが多細胞の菌体 (単細胞の菌体においても) の逆戻りできない減衰を成し遂げるために必要であると仮定することができる。

$$B_0 \to k_1 \to B_1 \to k_1 \to B_2 \to k_1 \to B_{(n-1)} \to k_1 \to B_n$$

n の連続的なステップの後，減衰が起こる。中間ステージ B_x の変化を，体積濃度で表すと，次式によって与えられる。

$$\frac{N_x}{N_0} = \exp(-kI_t) \sum_{x=0}^{n-1} \frac{kI_t^x}{x!}$$

そして，生き残っている菌体は，次式によって示される。

$$\frac{N_x}{N_0} = \sum_{x=0}^{n=1} \frac{kI_t^x}{1 + kI_t^{x+1}} = 1 - \left[1 + \frac{1}{kI_t}\right]^{-n}$$

すべてのアプローチにおいて，軸混合 (ランプ軸に直交して混ざること) は完全に行われていると仮定され，そして，ランプ軸に沿った水の流れは，栓流であると考

えられる。異なるステップに対して，各々の素反応についての一次速度定数は，すべて等しいと考えられる。

3.7 反応器の幾何学的設計要因

3.7.1 概　説

　点光源の光は，水層に照射すると吸収される。一般に考慮される吸収の法則は，Beer-Lambert の法則である。厚さ d の層を照射すると，光強度は，層の厚さの関数として指数的に減少する。

$$I_d = I_0 \times 10^{-Ad}$$

あるいは，

$$I_d = I_0 \times e^{-Ed}$$

相対的に照射パワーは，次のようになる。

$$I_{rel} = \frac{I_d}{I_0} = 10^{-Ad} = e^{-Ed}$$

もし点光源の概念が受け入れられるならば，このアプローチにより開放型のような水層において光への曝露の定量化が可能となる。しかしながら，点光源に関しては異議が唱えられている。

水路タイプ反応器

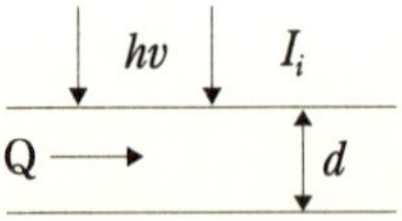

$$I_d = I_i 10^{-Ad} \qquad I_{rel} = \frac{I_d}{I_i} = 10^{-Ad}$$

円筒形の反応器（内部から外部へ）

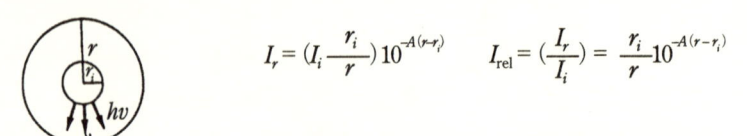

$$I_r = (I_i \frac{r_i}{r}) 10^{-A(r-r_i)} \qquad I_{rel} = (\frac{I_r}{I_i}) = \frac{r_i}{r} 10^{-A(r-r_i)}$$

3.7 反応器の幾何学的設計要因

円筒形の反応器（外部から内部へ）

$$I_r = I_i \left(\frac{R}{r}\right) 10^{-A(R-r)} \qquad I_{rel} = \frac{I_r}{I_i} = \left(\frac{R}{I_i}\right) 10^{-A(R-r)}$$

垂直あるいは直交する反応器に関して，水路型の反応器と同じことがいえる。詳細は，5.4 において反応器の面比率について解説しているので参照されたい。

円筒形の環状反応器では，内部から外部への照射において反応器壁は一般にランプ囲いの壁の近くにある。考慮される層厚さは，r_e と r_i の間である。関連している強度は，次のように表される。

$$I_{rel} = \frac{I_r}{I_0} = \frac{r_i}{r_e} 10^{-A(r_e - r_i)} = \frac{r_i}{r_e} e^{-E(r_e - r_i)}$$

外部から内部への照射における円筒形の反応器では，次のような関係になる。

$$I_{rel} = \frac{I_r}{I_0} = \frac{R}{r_e} 10^{-A(R - r_i)} = \frac{R}{r_e} e^{-E(R - r_i)}$$

3.7.2 単一ランプの反応器

特に低流量(すなわち，5 m³/h あるいは以下)の処理にたびたび使われる反応器の構成は，反応器の中心軸の囲い管にランプの位置を決めるものである。円筒形の反応器の壁とランプ囲いの間の空間容積において水を循環させるもので，Beer-Lambert の法則によれば，強度はランプ（または囲い）の外部の壁から内部の壁の方へ指数的に低下する(Leuker and Hingst, 1992)。その効果を図 67 に概略的に示す。

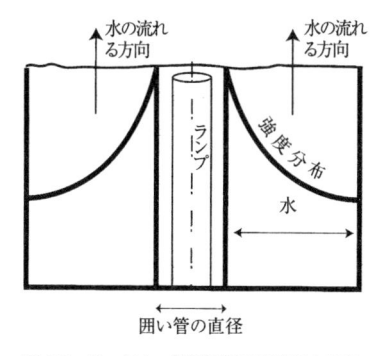

図 67 単一ランプ円筒型反応器における照射プロファイルの概要

このタイプの反応器の中で効果的な線量のための近似は，反応器の壁で照射線量を考慮することである。

$$I_t = 曝露線量(D) = L \times I \times T = I_0 \times T \times L \times \left(\frac{r_e}{r_i}\right) \times 10^{-A(r_e - r_i)}$$

3. 飲料水消毒のための紫外線ランプの使用

ここで，I_t：潜在的な殺生物の紫外線線量（3.2参照），

S：最大の照射表面(m^2)；$A = 2\pi r_e L$,

T：照射時間(s)，

A：吸光度，

L：円筒形の反応器の長さ，

r_i：ランプ+ランプ囲いの半径，

r_e：円筒形の反応器の内部半径。

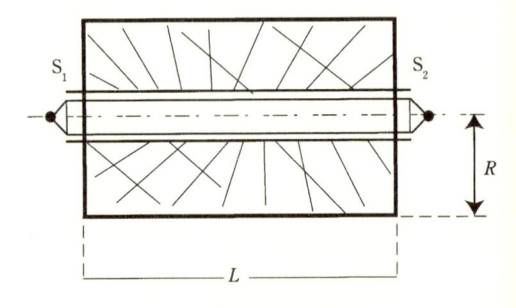

このアプローチは，完全混合のバッチ反応器において点光源を仮定する。また，ランプの各部分において，ランプ壁に直交する光が放射されると暗に仮定される。しかしながら，ランプは，それらのゾーン分布特性に従ってすべての方位に光を発するので，図 68 で概要の示されるように端部（S_1 と S_2）において強度の一部に損失がある。

図 68　円筒型反応器の概要

損失する光の部分は，R/L を増やすことによって増やされる。より完全なアプローチが円錐モデルと Lambert 計算によって得られる（Hölzli, 1992）。ランプは，等しい長さの部分に直列に分割される。各部分は，強度 I を発する個々のエネルギー源 Q とみなされる（図 69）。

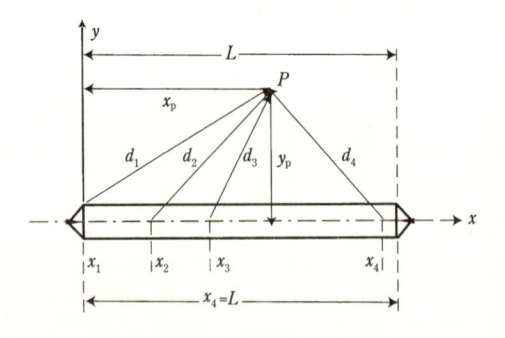

図 69　Lambert 計算モデルの概要

反応器の中の与えられた点においてある分割部分から受け取る強度は，$1/4\pi d^2$ に等しい。そして，各部分について合計することによって与えられた点(P)での総強度を得る。

$$W_p = \frac{W_1}{4\pi d_1^2} + \frac{W_2}{4\pi d_2^2} + \cdots + \frac{W_n}{4\pi d_n^2} = \sum_1^x \frac{W_x}{4\pi d_x^2}$$

異なる点（y_P）の積分によって総強度が得られる。I_p の計算された値は，少なくと

3.7 反応器の幾何学的設計要因

も気相における測定に対して,光電セルによる測定値と満足な一致であった。

JacobとDranoff(1970)は,彼らのアプローチでランプの石英囲いの存在を含む管状の反応器に類似したモデルを使った。彼らは,Lambert計算による総強度の補正ファクタが反射と回折のための説明に必要であることを見つけた。これは,経験的な補正ファクタCによって説明される。図69で示すように記号に向けて透過する反応器空間においての場所に依存している。

$$C(y_P, x_P) = 1.0 + (y_P - 1.615)(0.13 + 0.0315 x_P)$$

光電セルの感度のための補正と,ファクタCによって10^{-4} molの塩化白金酸の希釈溶液の350 nmでの実験的な測定は,計算された値と2%以内の一致をみた(図70参照)。

しかし,読者は,より短い距離において計算と実験の値の間で若干のずれが徐々に起きていることに気がつくであろう。

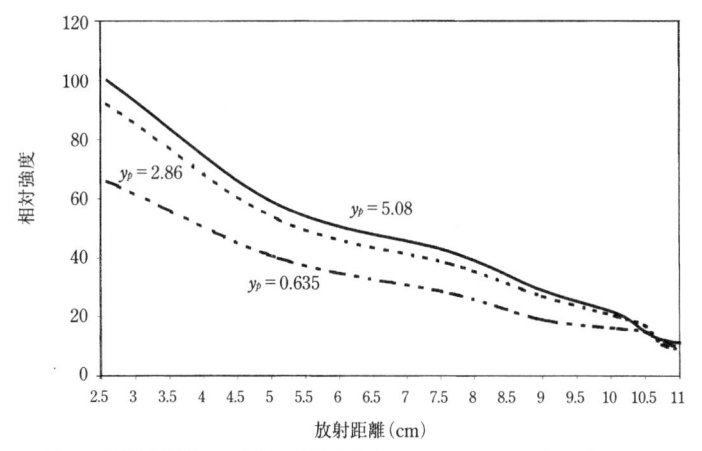

図70 環状空間型の反応器の光強度分布[JacobとDranoff(1970)のデータより許可を得て改変]

QuallsとJohnson(1983)は,いわゆる点光源の合計方法,先行するアプローチの修正されたバージョンを発表した。より強力なコンピュータシステムの有効性は,点光源の数を増やすことを可能にする。彼らは,水の中で *Bacillus subtilis* (ATCC 6633)の芽胞を用いたバイオアッセイによってモデルを確かめた。致死遅滞相の補正の後,計算された曝露線量と殺菌のための有効な線量との間の一致は,受け入れられた。

しかし,流動型反応器における混合条件は,バイオアッセイ方法において重要で

3. 飲料水消毒のための紫外線ランプの使用

あることがわかった(下記参照)。

紫外線ランプが有限の寸法(半径)のプラズマ放射であると考えることによりランプ(またはランプ囲い)周辺の環状スペースにおいて光の幾何学的分布を説明する試みは，Severin ら(1984)により式に表された。

$$(N_0-N)Q = \int_0^1 \int_0^{2\pi} \int_{r_i}^{r_e} \frac{kNI_0 r_i}{r} \exp[-E(r-r_i)] r\, dr\, d\theta\, dl$$

したがって，

$$(N_0-N)Q = \frac{2\pi k N I_0 r_i l}{E} \{1-\exp[-E(r_e-r_i)]\}$$

あるいは，

$$\frac{N_t}{N_0} = \frac{1}{1+mkI_0 t} \quad (ここで\ t = V_v/Q)$$

$$m = \frac{2 r_i \{1-\exp[-E(r_e-r_i)]\}}{E(r_e^2-r_i^2)} = \frac{I_{\mathrm{rel}}}{I_0}$$

この方法は，幾何学的補正ファクタとして m(常に単一ランプでは 1 より小さい)を定義する。相対光強度 I_{rel} は，mI_0 に等しい。

基礎となす仮説は，以下のとおりである。

・Bunsen-Roscoe の法則が適用できる。
・吸収は Beer-Lambert の法則に従う。
・ランプに沿った水流は，栓流の押出し流れである。
・軸混合(すなわち，ランプと囲いの軸に直交した空間体積の単位での混合)は，完全である。

そのような場合，吸光度(E)の異なる値のために，**図71** で示すように標準曲線がランプ+囲いの異なる半径のために設定することができる。

Severin ら(1984)の本来の研究のデータのほかに，m ファクタアプローチの正当性についての組織的な調査研究が報告された(Masschelein et al., 1989)。バイオアッセイは，致死遅滞相を示さないバクテリオファージ f-2 の減衰に基づいて行われた。また，p-ヒドロキシ安息香酸(PHBA)(10 mg/L)の溶液が光学的な競合相手として平行した実験において使用された。

2.6 cm (2.4.1.5 参照) のランプ直径を持つ冷陰極 Philips TUV-6 W(e) モノクロ単色光源は，異なる内部の直径(4.54 〜 11.75 cm まで)の反応容器に設けられた。ランプ

3.7 反応器の幾何学的設計要因

の浸されている表面での強度と紫外線(254 nm の)パワーの比率は,$I_0 = 0.085$ W,そして,$2 \times 1.3 \times 3.14 \times 7 \times 10^{-4} = 14.9$ W/m^2 の値を与える。効果的な照射線量は,$D = m I_0 t$ によって与えられる。データの集計を**表12**に示す。

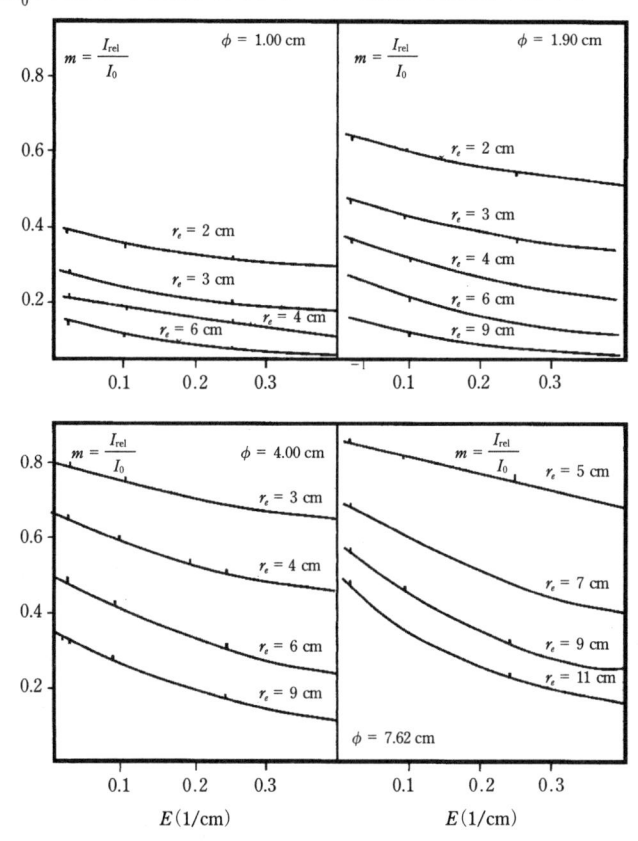

図71 環状空間型反応器の幾何学的な吸光度ファクタ(Masschelein, 1992, 1996)

表12 ランプの水没部分の紫外線放射

ϕ (cm)	容量(m^3)	E(/cm)	m(水)	k_1 (/s)	E(/cm)	m(水 + PHBA)	k_1 (/s)
4.54	125	0.046	0.712	−0.0429	1.84	0.340	−0.0255
6.49	300	0.046	0.546	−0.0370	1.84	0.155	−0.0107
8.42	560	0.046	0.442	−0.0295	1.84	0.087	−0.0055
10.3	850	0.046	0.369	−0.0221	1.84	0.057	−0.0033
11.75	1 100	0.046	0.327	−0.0204	1.84	0.043	−0.0025

3. 飲料水消毒のための紫外線ランプの使用

反応容器は，バクテリオファージ f-2 を接種した水で満たしてマグネッチックスターラによって混合し，フラッシュ照射された（2.4.1.5，3.6 および図 64 参照）。

データを 99％の致死線量効果（2-D_{10}）に適用することによって，水中での値 473 ± 31 J/m^2 を得る。PHBA の存在下で下げられる致死性は，50％の致死線量との比較を可能にする。そして，結果は J/m^2 で，純水で 73 ± 6，水 + PHBA で 68 ± 7 である。結論として，m のファクタ補正は，円筒形のランプまたはランプ囲い周辺の環状空間の中で照射線量の評価のための価値あるアプローチである。

3.7.3 複数ランプの反応器

環状のスペース（空間容積）による単一ランプの反応器は，1 〜 10 m^3/h の処理水量において運転されている。中圧ランプまたは高率の低圧技術ランプは，現在，ランプ当り 50 〜 100 m^3/h の水量の消毒に設置することができる。ランプ当りより高流速の場合は，中圧ランプを横モードに取り付けることによって可能になる。

それぞれの技術で，より高流速の処理は，連続した単一のランプ単位のつなぎ合わせ，または，複数ランプ反応器の建設を必要とする。複数のランプ反応器において，構成は可能であるといわれる。ランプ囲いと照射された点の間の距離を関数として，単一ランプの環状の反応器においては，強度レベルは指数的に減少する（図 67 参照）。複数のランプ技術では，一つの点をいくつかのランプで照射することができ，局部的に徐々に増加させる効果をつくることができる。しかし，1 つのランプについて他のランプによる遮蔽の効果も，最終的に考慮に入れられなければならない。

累積する効果の初期近似は，単純化された計算によって得ることができる。ランプは半径 R の環状のスペース反応器において，半径 r の円に沿った等しい距離で取り付けられるだろう。そして，ランプ間の円に沿った距離は $2d$ である（図 72）。

円に沿ったランプの数は，以下のとおりである。

$$n = 3.14 \times \frac{R-d}{d}$$

175 m^3/h あるいは Q = 0.05 m^3/s の水量を処理するため，D = 250 J/m^2 の線量を得たい場合を考える。もし，反応器半径 R = 0.6 m で，反応器の実効長 L = 0.8 m であるならば，必要な曝露強度は次式で与えられる。

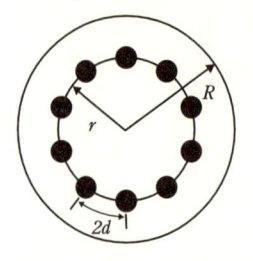

図 72　複数ランプの配置例

$$I = D(250 \text{ J/m}^2) \times \frac{Q(0.05 \text{ m}^3/\text{s})}{3.14} \times R^2 \times L$$

$$I = 14 \text{ W/m}^2$$

製造業者(第2章と図73参照)が提供している放射曲線から，選択するランプ(低圧水銀ランプが使われるならば)は，ランプ間の距離 $2d = 2 \times 0.14$ m で設置される 30 W(e) ランプであることがわかる(もう一つの選択は，40 cm のランプ間距離で設置される 55 W(e) ランプであり，これはより高い操作コストを意味する)。設置されるランプの最小限の数は，次のようになる。

$$n = 3.14 \times \frac{0.6 - 0.14}{0.14} = 10$$

例えば，0.38 m，$d = 0.3$ m では，約 0.75 R の r の値で，円に沿って等しい距離で配置される。

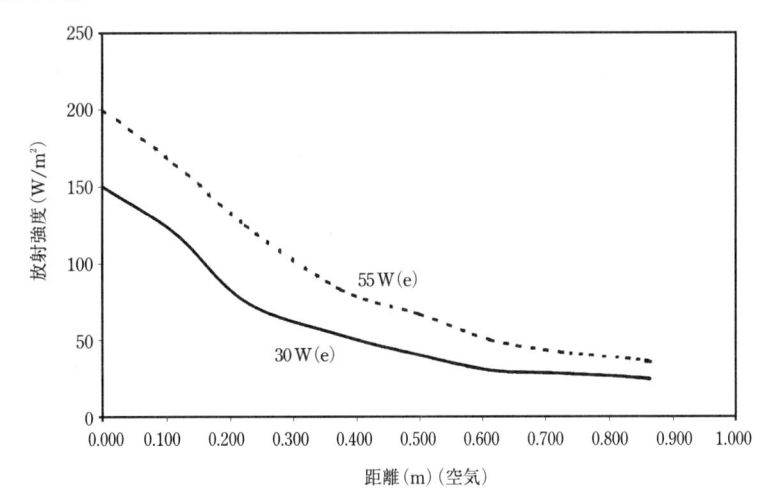

図73 低圧水銀ランプの典型的な発光曲線(Osram：Technical Information Document MKAB/UV)

この最初のアプローチは，確かに設計において単純化しすぎている。しかし，それは設計の評価における予備的な基礎あるいは既存のランプ技術と，最初の比較を行うことができる。

・単一の点(単一の線)光源を仮定する。
・水による吸収を仮定しない(空気での放射曲線は，考慮される)。

3. 飲料水消毒のための紫外線ランプの使用

・複数ランプ照射における累積効果を考慮に入れない。

幾何学的なファクタ m に基づく方法は，異なる m 値を合計することで，いくつかのランプを備えた反応器体積の与えられた点での累積効果について，より正確な評価を可能にする。

同等の強度となる反応器として，反応器内のどんな点ででも同じ曝露強度を実現できるように設計することができる。典型的な例を図74に示す。

1つの単一スペース内で三角形のモジュールに理論(すなわち，反応器壁における反射を考慮することなく，計算によって)を加え，いくつかの配置決めを計算することができる。例えば，古典的な配置は，1つの円筒形のスペースに7本のランプである(図75参照)。

反応器の中のどんな点においても，光の強度は，ランプの放射強度，ランプ囲い半径，ランプ間の距離と水の吸光度 E (例えば，$E = 0.2/cm$)に依存する。この技術の典型的な例は，40 m³/h の流量において，大腸菌($E.coli$)の 4 log 消毒を目的として，ドイツ Saalburg-Thüringen で取り付けられた装置である(Leuker and Dittmar, 1992)。飲料水の処理のため，そのような容器−反応器は，30本のランプを備えてつくられた(図76参照)。

これらの反応器タイプでは，各々のランプ端部で電気的に接続しており，そして，

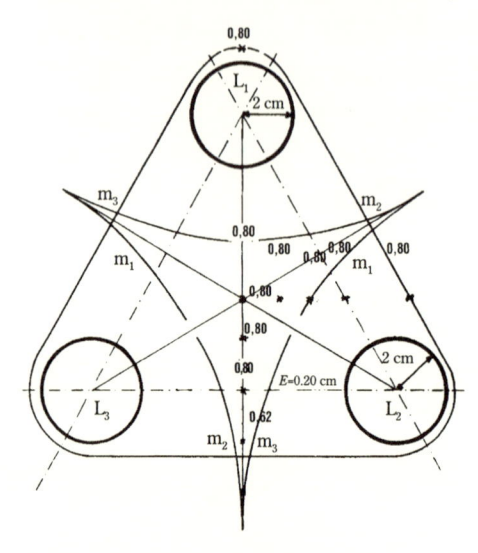

図74 トライアングル型の等強度反応器(Masschelein,W.J., 1992, 1996a,b)

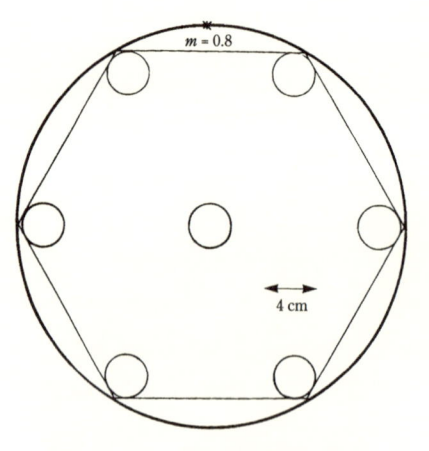

図75 7本ランプの等強度反応器の概要

3.7 反応器の幾何学的設計要因

他の端部は石英囲いスペース内で配線で接続される。ランプは，標準 40 〜 60 W(e)である。1 台の装置で扱える最大流量（飲料水水質）は，400 m³/h である。最大の作動圧力は，16 bar(16 × 10⁵ Pa)である。類似の実例としては，オランダ Zevenbergen プラントで，KIWA によってなされた。ドイツの Höxter プラントの Gelsenwasser で設置された典型的な 6 本ランプ反応器を図 77 に示す。$E = 0.1$ /cm で，この設備は 180 m³/h の消毒を行うことができ，そして，1 800 Wh(e)の消費量において 360 J/m² の曝露線量を実現できる。

図 76 複数ランプの反応器

もう一種類の反応器は，本来のドープされた偏平なランプ技術に基づく（第 2 章参照）。ランプは，水の流れに平らな側面が垂直になるよう取り付けられる。反応器は，また，光の反射を改善するために 2 つの円錐型に形づくられる。典型的な例は，ドイツの Paderbom 市のもので，

図 77　6 本ランプ反応器（ドイツ Gelsenwasser, Wedeco 設置）

飲料水の消毒のためにランプ 5 本が入った反応器（Wedecoデザイン）が用いられている（図 78 参照）。電気的な消費量は 770 Wh である。そして，この反応器では，$E = 0.04$/cm で，350 J/m² の殺菌的な線量を実現し，最大 230 m³/h を処理することができる。

もう一つの例は，4 つの中圧ランプを備えている Berson 反応器である。反応器体積での強度分布は，特に研究が重ねられ最適化されている。全体の殺菌的な強度分布を図 79 に図示した。

3. 飲料水消毒のための紫外線ランプの使用

0.22/cm の E を持つ水に対して，4本ランプのユニットでは，最大 400 m^3/h を処理することができる。例えば，4つのランプのユニットがこの反応器内の水流に垂直に取り付けられ，水量 1 600 m^3/h までの消毒に，オランダの Gouda 市の浄水場に設置されている。特に中圧技術は，自動化と遠隔操作のために最適である（図80）。

図78 反応器（ドイツ Paderborn に設置，Wedeco 設置）

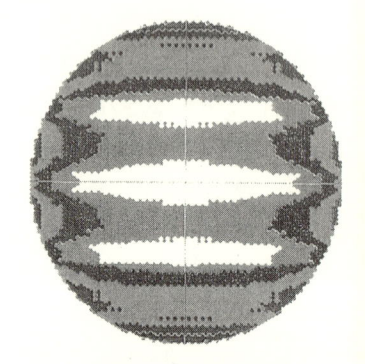

図79 複数ランプ反応器（中圧ランプ）の幾何学的な強度分布（Berson）（紫外線強度：最低 1 630 W，最高 3 960 W，平均 2 850 W）

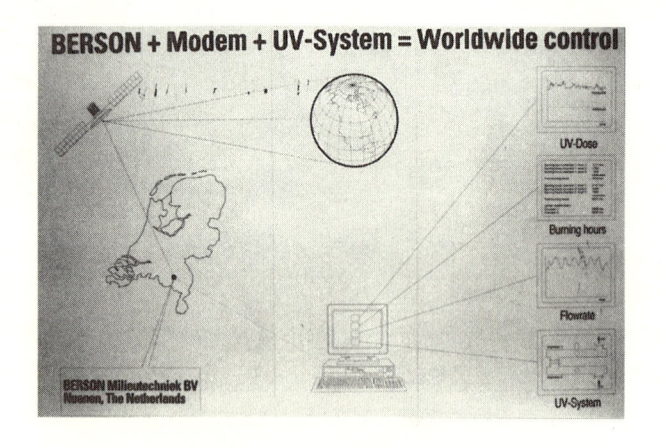

図80 紫外線システムの Berson-Modem 制御

3.8 紫外線の水処理での混合状況

3.8.1 基本原則

　消毒における紫外線反応器の理想的な流動パターンは，水がランプの軸に沿って流れる反応器では，ランプの軸に沿った栓流でなければならない。水の流れに対してランプが直交して据え付けられている反応器では，ランプに直交する空間において完全に混合されている(Thampi and Sorber, 1987)。

　混合状況に対する理論上の根拠と，それら減衰率に対する影響は，Severin ら(1984)によって調査され定義されて報告された。完全な栓流に対し，擬似一次反応減衰速度定数に基づく。

$$\frac{N_t}{N_0} = \exp(-kI_t) \sum_{x=0}^{n=1} \frac{kI_t^x}{x!}$$

また，完全混合の反応器では，

$$\frac{N_t}{N_0} = 1 - \left(1 + \frac{1}{kI_t}\right)^{-n}$$

より完全なモデルは，Berson に支援され，オランダの Cyclone 社によって開発されている。

3.8.2 一般的な水力学的状況

　排水処理の場合において広く水力学的な状況が調査されている (Scheible et al., 1985)。すべての場合で，流れは乱流でなければならない(レイノルズ数：$\geqq 2\,000$)。これは排水処理における決定的な要素であり，それは飲料水処理にもあてはまる。しかしながらこの状況は，光子の多数が未吸収のままにならないようにランプ囲い壁と反応器壁(損失を避けるために)の間が非常に狭い環状空間となるため，成立していない場合もある。たびたび妥協が必要となる。

　適切な混合を起こさせるために，いろいろな装置が紫外線反応器に使われている。水流調節装置，スタチックミキサまたは円錐形の部品を反応器の配管に取り入れたり(Cortelyou et al., 1954)，光源をエジェクタの乱流領域へ置いたりした(Aklag et al.,

1986)。そして，自動のふき取り装置も使われている。後者は，ランプ囲いの連続的に清掃するのに役立つことになる。当然，設計は，光の重要な部分が混合の装置や部品によって遮断されないようなものでなければならない。最後に，反応器入口-出口の水力学的な設計は特別で，かつ重要な要素である。

3.8.3 流動パターンの試験

製作する場合，反応器の流動パターンは，設計上の最大流量，期待される最小限の流れ状況の中で試験する必要がある。一般的な方法は，化学物質の注射によるトレース法で，紫外線照射に反応せず，出口での測定の簡単なものである。高濃度の食塩溶液の注入と電気伝導率の連続測定によって行える単純な方法である（Thampi and Sorber, 1987)。原理を図 81 に示す。

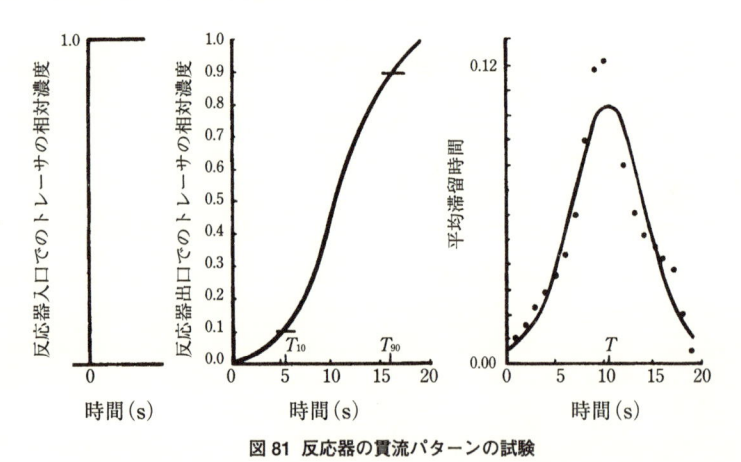

図 81 反応器の貫流パターンの試験

水の平均流速(v)は，空間体積 V と L(長さ) × Q(流量)によって与えられる。

$$v = \frac{LQ}{V}$$

反応器出口での滞留時間の分散$(\sigma_t)^2$は，分散係数 D を定義する。

$$D = 0.5 \times v \times L \times \frac{(\sigma_t)^2}{T^2}$$

T は，観察された平均の滞留時間である。低い分散係数は，消毒効率のためにより

3.8 紫外線の水処理での混合状況

良い。

Morrill インデックスは，トレーサの 10％と 90％が通過する時間の比率に等しい。完全な栓流れでは，T_{90}/T_{10} は 1 に近づく。紫外線システムでは，推奨される値は，すべての流動状況で 2 未満である。

Qualls と Johnson（1983），トレーサとして化学薬品でなくて*Bacillus subtillis* の芽胞を使った。彼らが調査したシステムでは，Morrill インデックスは 1.7 であった。バイオアッセイ法は，消毒効率を管理し，かつ同時に反応器の水力学的特徴も管理するという長所がある。しかし，この方法は，より多くの手間がかかる。現在，バクテリオファージが好ましいトレーサとして考えられている。*B.subtilis* の芽胞は，選択肢の一つである（Sommer et al., 1997）。

3.8.4　縦あるいは横のランプ据付け

Berson は，反応器のランプ設置における乱流状況での流動パターンを特に集中的に研究した。従来の縦の配列においては，潜在的に水力学的な短絡流が起こる。しかし，設計により適切な制御が可能である。図 82 にその実例を示した。

横の配列モードでランプを据え付けることによって，ランプ（そして，ランプ囲い）上に生成する沈積物がより少なくなるのと同様に，より均一な紫外線強度分布が得られる。それに加えて，水の流れ分布は，図 83 の実例で示すように全反応器内部にわたってほぼ安定している。Berson-UV 社は，反応器内の水力学的状況と設置ランプの紫外線強度の分布について大規模なコンピュータモデリングを展開した。現在，そのような設備では，洋服のオーダーメードように可能である。

消毒目的のためだけでなく，紫外線と過酸化水素の併用酸化処理の最近の

Berson U.V.HLS4

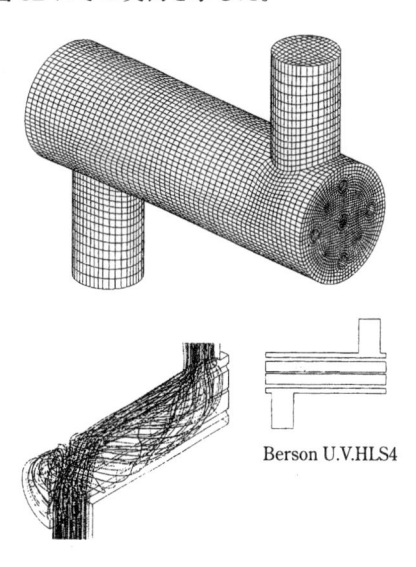

図 82　縦型反応器の水力学的な流動プロファイル

3. 飲料水消毒のための紫外線ランプの使用

Berson U.V.HLSA

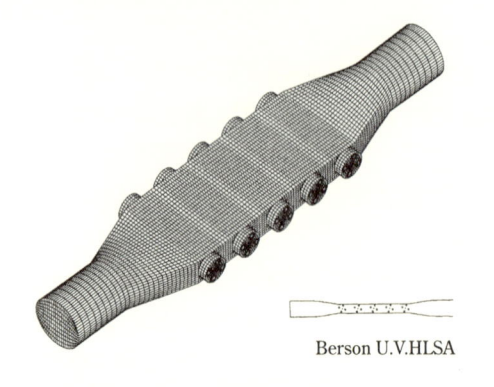

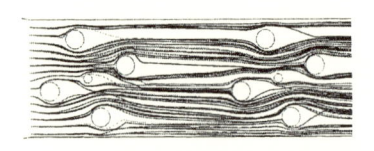

図 83 Berson の紫外線反応器の典型的な軸上分布

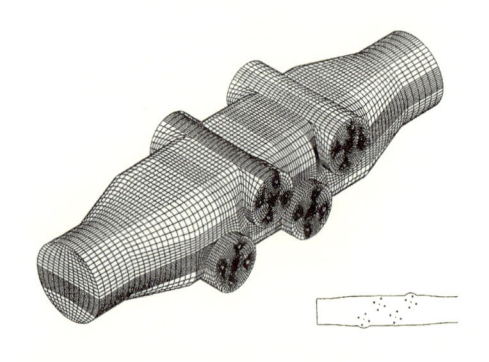

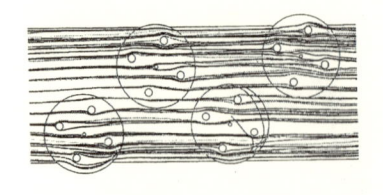

図 84 横型複数ランプ反応器の高収率における強度分布イメージ

配列を **図 84** に示す

3.9 効率的な運転管理

3.9.1 直接の管理

据え付けられたシステムの消毒効率を直接管理するには，入口と出口における微生物学的な係数を比較すればよい。

最も適当なテスト菌体として，大腸菌群，大腸菌（*E.coli*），および 22℃と 37℃での一般細菌，時々（月に 1 度程度）は，*Clostridium perfringens* の胞子を用いる。コリファージ f-2（もしくは，変異体の MS-2 とも呼ばれる）は，管理のための重要な微生物である。筆者も *Actinomyces* の胞子［単純化された手続きとして（Masschelein, 1996）］の時折の制御がウイルスの存在の可能性に関連しているように見える。据付けを委託する際に管理を追加することについては，3.10 で述べる。

3.9.2 恒久的なモニタリング

反応器のサイズに依存するが，一つ以上の光電セルを外壁あるいは反応器の中に取り付けることを推奨す

3.9 効率的な運転管理

る。それは，設備サイズに依存して据え付けられ，自動化され，また警報値を持つもので，記録を可視化して，ランプから外へ放射される紫外線を連続的に評価するものである。

この記録が必ずしも物理学と光化学に関して正確で，精密で，絶対的な測定であるという必要はない(第2章参照)。しかし，それは少なくとも放射強度の効率低下，反応器内への全体的な放射効率低下を相対的に管理するうえで信頼される必要がある。

反応器(図85参照)の横の検出器は，ランプに関連した位置が重要であり，おそらく主な放射光源の一つを検出することになる。

反応器の外側に検出器を取り付ける時，幾何学的なファクタによる強度損失を考慮に入れなければならない。典型的な外部の検出器(図86参照)では，本当の検出のための補正ファクタが必要である。

例えば，水(10 cm 光路長)の光透過が全体として65%であるならば，2.5 cm では89.8%に，6 cm では77.3%に，そして8.5 cm (6 + 2.5)では69.4%となる。強度と本当の強度(I_0)での変動は，絶対値の30.6%で示される。結果として，強度の一部だけが検出され記録される，しかし，相対的な変動は，モニタリング管理として使うことができる。

縮小されたスケール(ミニ)の光電セルは，現在利用されていて，より真の曝露強度の測定値を平均する反応器内に取り付けることができる(図87参照)。

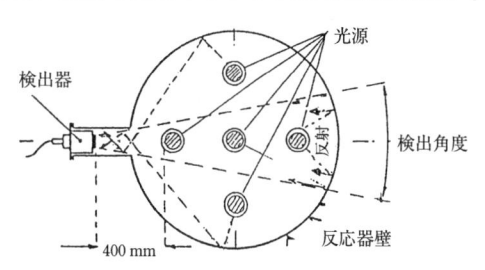

図85 反応器への検出器の取付け例

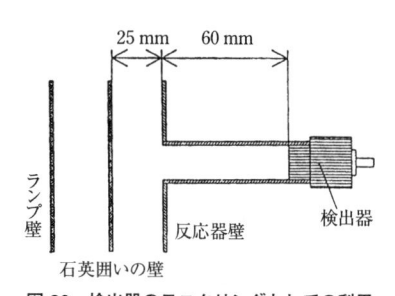

図86 検出器のモニタリングとしての利用

標準化された設備は，調整に利用でき，あるいは調整された装置で，与えられたモニタのセルを再び調整するのに優れている(第2章参照)。あるモニタでは，紫外線の微生物学的な消毒作用曲線にできるだけ密接に適合するような適切なフィルタとコリメータとを装備している。そのようないくつかの光電セルには，殺菌波長とできるだけ近い波長で，その検出感度に一致させることを試している。日本のHama-

3. 飲料水消毒のための紫外線ランプの使用

matsu の例を図 88 に示す。

再び 200 nm と 300 nm の間でランプの放射と相対検出感度(伝統または保守主義によって 254 nm に対して)を重ねる 5 nm 刻みヒストグラムが推奨される。

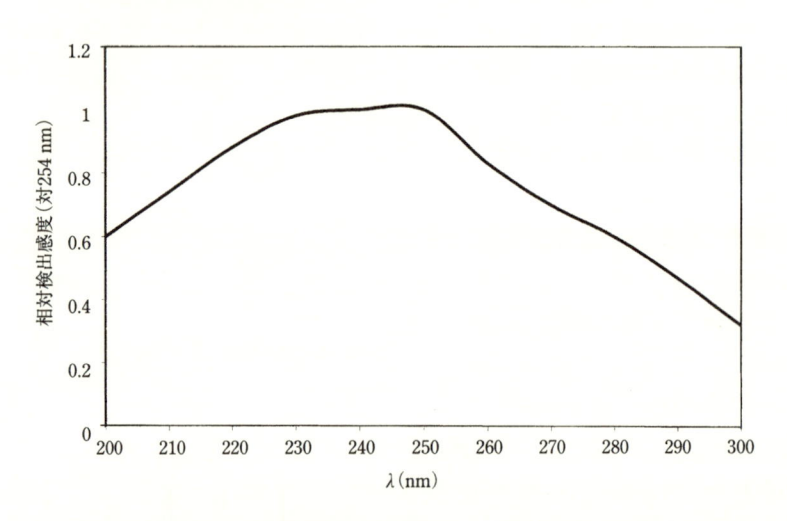

図 87 小型の検出器

図 88 消毒殺菌における紫外線モニタの応答(日本の hamamatsu の記録から)

3.9.3 広範な管理

少なくとも年に 1 度，メンテナンスの時にシステム上の完全な管理と再チェックが推奨される。最小限のチェックリストとしては，以下を含まなければならない。

・ランプをチェックしている(そして，必要に応じて取り替えている)。
・ランプ囲い材料を清掃し，紫外線透明度が管理されている。
・疑いのある場合には，全体的な紫外線放射効率(ランプ＋囲い)をチェックする。
・劣化後，光電セルによる管理の信頼性をチェックし，掃除している。
・システムの一般的な機械メンテナンスまで進めている。

3.10 飲料水のための紫外線消毒ユニットに対する仮の設計における質問

3.10.1 概　　説

現在，飲料水の紫外線消毒の設計には，わずかな基準しか適用されていない。オーストリアのÖnorm-1993(1996年に，そして再び2001年に更新される)，Bavaria-1982 FIGAWA-1985である。これらの基準は，254 nmの波長に基づく250 J/m^2の最小限の曝露線量を推奨している。オーストリアでの実際のルールは，400 J/m^2である。

評価に対するさらなる重要なパラメータは，以下のとおりである(Meulemans, 1986；Cabaj et al., 2000)。
・紫外線光源の放射スペクトル，
・紫外線光源の期待される寿命と劣化の特徴，
・紫外線光源の温度依存性，
・有効な紫外線範囲(すなわち，少なくとも210〜320 nmまで)における水の吸光度(または透過率)，
・効率管理のための承認されている生残率および選定されたテスト菌体。

より詳細な一般的な情報は以下を含む。
・一定の紫外線放射(測定値の必要はない)のモニタリング方法。
・反応器内の平均水滞留時間，
・適用され幾何学的ファクタ m(3.7.2参照)。

3.10.2 必要なパフォーマンスの定義

最も適切に要請を受け，成功保証レベルを得るために，解決されるべき問題をできるだけ明確にしておかなければならない。これは，少なくとも次のことを意味する。
・処理する水の起源(水源，湖，地下水，表流水など)，
・もしあれば前処理，
・処理される水のイオン的なバランス(起こりうる季節的な最小および最大値)，
・水温とpH値における季節変化の見込み，

3. 飲料水消毒のための紫外線ランプの使用

- 鉄とマンガンの含量の見込み,
- 濁度と懸濁固体量(mg/L)の見込み,
- 有機炭素の全量と溶存量の見込み,
- 特定の汚染物質(もしあれば重要な)に関する情報,
- 一般細菌,
- 大腸菌群および大腸菌($E.coli$)の数,
- もし利用できるなら,*Clostridium perfringens*,バクテリオファージおよび特定の原虫の計数,
- 処理目的の定義(微生物学的な基準値に一致させるなど),
- 委託されるパラメータ。
    - いろいろな流れ状況での水力学的な試験,
    - バイオアッセイ法,
    - 消毒パフォーマンスの管理方法,
    - 電力消費量の測定。

3.10.3 資格と入札の要素

3.10.3.1 申込みの一般的なプレゼンテーション

- 反応器,ランプおよび石英囲いの製造業者(住所,電話,ファックス,Eメール,そして窓口の人の名をつける),
- 1秒につき処理される(もしくは毎時の)見込み流量(m^3),
- cm当り,もしくはm当りの紫外吸光度(210〜320nmにわたる全スペクトル),
- 反応器のタイプ,材料,概要,その他,
- 100%の透過率での設計上の流量(m^3/h),
- 前に示した吸光度での設計上の流量(m^3/h),
- 許される水圧(Pa),
- 設計上の操作での損失水頭(Pa),
- 流量における許される変動(m^3/h),
- 電力供給の電圧と周波数,
- 電気的な接続(適用される標準)のタイプ,
- 全体の電気的な消費(W・A)

3.10 飲料水のための紫外線消毒ユニットに対する仮の設計における質問

・ランプの数,
・1つのランプの電力消費(W),
・1つのランプ(＋スペクトル)の総紫外線収率（W）,
・囲い材料(＋スペクトル)の吸光度(/cm または/m),
・ランプと囲い材料の予想寿命(h),
・混合理論(もしあれば),
・連続するモニタリングの原理,
・自動化の度合い,
・クリーニング装置と操作モード,
・水供給の条件(ウォーターハンマに対する保護,その他),
・メンテナンスの必要条件と推薦,
・メンテナンス契約の可能性,
・推薦番号と予備部品のタイプ,
・開始と停止の手順,
・サービス停止期間の間のメンテナンス状況(長期と短期)。

3.10.3.2 操作中の保証

・財政的な保証,
・装置に関する保証,
・構成要素に関する保証(もし装置と異なるならば),
・推薦される保険,
・ユーザによって果たされる義務。

3.10.3.3 コスト要素

・反応装置のコスト(ユニットにつき),
・ランプのコスト(ユニットにつき),
・ランプ囲いのコスト(ユニットにつき),
・紫外線のモニタリング装置のコスト(ユニットにつき),
・システムの水力学的な保護のコスト(反応器またはサブユニットにつき),
・自動化のコスト(もしあれば),
・現場への取付けコスト,

3. 飲料水消毒のための紫外線ランプの使用

・スタートアップ時の補助コスト，
・コストと事前のパイロット調査の条件（主な申込みから別々の基礎の上で）。

3.10.3.4　参　　照

・運転中の類似設備に関するもの，
・適用する基準に関するもの，
・法的機関によってつくられる類似設備の評価に関するもの，
・証明，ISO，CEN，USEPAに（もし，適用できるものがあれば），
・文献と科学的な出版物の中の特定の記述に関するもの。
　注：既存の基準は，革新と進歩のために妨害にはならないかもしれない。

3.10.3.5　その他の面

入札は，より特殊な他の面を含むかもしれない。

3.11　例

3.11.1　SpontinのSource du Pavillon（ベルギー）

　ベルギーの公益事業で，飲料水消毒のための最初の設置は，SpontinのSource du Pavillonに1958年に備え付けられた（図89）。水は，他の取水地区で全体的に混ぜられ，そして，クロラミンによる予防的な消毒の後，導水路を通して自然流下によってブリュッセルへ送られる。Sovetの近隣の市当局は，それ自身の井戸と貯留池の付いた給配水システムを持つが，利用できる水量は必ずしも十分でない。不足分は，Source du Pavillon（上流にでまとめて消毒）の井戸からポンプで最高 5 m³/h を汲むことによって確保された。したがって，紫外線ユニットが設置された。ユニットは，非常に古典的な一つの低圧ランプ反応器，ランプ＋囲い直径（2 cm）と水層 1 in の厚さである。反応器の入れ物は，亜鉛メッキ鋼でできていた。システムはよく稼動し，1981年，全体で 15 m³/h 処理することが可能な直列で，3つのランプ各[40 W(e)]を備えたステンレス鋼の新しい設備に取り替えられた。23年間の操作の後では，常に湿った空気によって最初の設備は，若干早い腐食の状況を呈した（図90参照）。スペ

ースの都合上，反応器は Pavillon の屋根部に固定されている。

図 89　Spontin の水源の建物　　　　図 90　Spontin の水源の建物内に設置された紫外線反応器

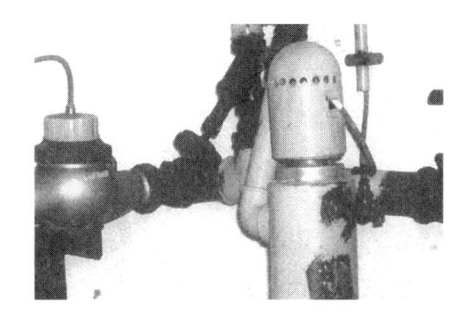

長期間の応用から得られる実際的な経験。
・ランプの毎年の取替えのほかに，ランプ囲いをきれいに保たなければならなかった(この場合には少なくとも年に 2 回)。
・ランプを囲んでいる石英ランプ囲いを全部のユニットを分解しなくても扱えるようにした。
・(石英)ランプ囲いが徐々にその透明度(少なくとも 254 nm 以下)を失った。3 年後の透明度は 60 ％未満になったので，石英囲いは取り替えられた。石英囲い(多分ソラリゼーションによる)の劣化現象は，実際問題として研究されていないようである。

新しい設計に関して (1981) (図 91)
・結果は常に大腸菌 (*E.coli*) として大腸菌群に対して満たしていた。
・ランプの劣化において，一般細菌の数においては能力減少が観察され，作用性能を見る安全な信号であることがわかった。
・応用において，水の取水および停止は時間によって変わる。取水停止の場合には，反応器による最小限の水循環として，システムを維持するために閉じた系

3. 飲料水消毒のための紫外線ランプの使用

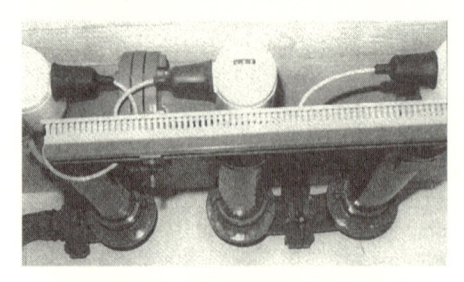

図91 Spontin の水源の建物内に1982年に設置された紫外線反応器

図92 1 200 m³/h の低圧水銀ランプによる地下水の消毒。直列4反応器，12本ランプ各 80 W(e)（イタリアの AMAT の Imperia）

図93 バンクフィルタ水から飲料水への消毒。T_{10}=85%，4本4ユニットの中圧ランプ，マルチタイプ（オランダ Zwijndrecht）

で $0.2 \sim 0.3 \, m^3/h$ の流量を維持した。

3.11.2 Imperia（イタリア）

Imperia の設備（オランダの Berson により取り付けられた）は，低圧水銀ランプで地下水を消毒し飲料水として $1\,200 \, m^3/h$ を生産する（図92）。4台の反応器は直列に取り付けられており，各々 80 W(e) の12本のランプを備えている。

3.11.3 Zwijndrecht（オランダ）

Zwijndrecht の（オランダの Berson により取り付けられた）設備は，T_{10} = 85%で，リバーバンク・インフィルタの水を消毒する（図93）。4台のユニットは，4本の中圧マルチウェーブ紫外線ランプを備えている。

3.11.4 Roosteren（オランダ）

Roosteren の設備（オランダの Berson により取り付けられた）は，地下水（T_{10} = 97%）を紫外線消毒によって$1\,000 \sim 1\,600 \, m^3/h$ で処理する（図94）。4台の反応器は，並列に作動し，合計20本のマルチウェーブ中圧ランプを持つ。

3.11.5　Méry-sur-Oise（フランス）

大きなMéry-sur-Oise（Bersonにより設置された）の設備では，表流水をナノフィルタでろ過した後，通常どおり7 480 m³/h を処理する（図95）。T_{10} = 90%。並列な5台のユニットは，4本の中圧マルチウェーブ（B 2020）ランプを各々備えている。

図94　地下水の消毒。20本のBerson 2 500（中圧水銀ランプ）で4系統並列の反応器。1 000 ～ 1 600 m³/h，T_{10} = 97%（オランダ Roosteren）

図95　前処理と膜を通した表流水。各4本のB 2020 中圧水銀ランプの5ユニット並列。7 480 m³/h，T_{10} = 90%（フランス，パリのMéry-sur-Oise）

4. 水衛生管理における光化学的な併用酸化プロセスでの紫外線の使用

4.1 基本原理

4.1.1 概　　説

　光化学併用酸化プロセスは，最近の水処理システムである。古典的な処理方法では対応できない難分解性汚染物質の除去に関連している。技術は，まだ開発中であるが，しばしば商業上では促進酸化プロセス（advanced oxidation processes；AOPs）と呼ばれる。

　この技術はオゾンと特に関連のある化学のほかに［Hoigné(1998)参照］，紫外線の応用に関連したいくつかの面を含んでいる。
・水源において溶解している化合物に及ぼす直接的な光分解の働き。
・オキシダントの生成を助ける光化学反応（主にヒドロキシラジカルであると思われている）。
・光化学的に触媒作用のプロセスを助ける。

現実に効果は観察されているが，全体的なエネルギーバランスが必要であることを忘れてはならない。

　水処理に関連した文献，研究所における経験，パイロットプラントの調査から，そしてフルスケールの応用からかなりの量のデータが報告されている。しかしながら，応用される状況と方法が正確に記述されていても，いいことだけの報告データのため，設計のために一般的なガイドラインを公式化することは，しばしば不可能である。これらの酸化方法は，より古典的な技術で除去できない化合物の除去に利用できる。この効果は，しばしば技術的な文献において二次的なものとして考慮されている。

4. 水衛生管理における光化学的な併用酸化プロセスでの紫外線の使用

この技術についてはより多くの調査が必要である。確かにオゾン-紫外線の組み合わせプロセスは役割を果たす(Denis et al., 1992；Massehelein, 1999；Leitzke and Friedrich, 1998)。

本章の目的は，この技術の応用におけるの基本点を要約して明解にし，将来的に利用できる設計デザインと実験計画に向けて試験的かつ事前に推奨することである。

紫外線の基本的な特徴は，ある波長の光子が原子または分子をその環境において不安定な励起した電子状態まで上げるために十分なエネルギーを持つということである。これらは，基底状態に戻ることと化学反応を促進することによってエネルギーを移動する傾向がある。多くの有機化合物の典型的な紫外線の吸収範囲を図 96 に示す。

励起した電子状態は，イオン化または照射された分子あるいは原子の活性化した結果である。イオン化は，次のように示すことができる。

$$M + h\nu = M^+ + e^-$$

生成される電子は，光電的なプロセスを進めることができるか，あるいは試薬を減らす働きをすることができる。

$$C^+ + e^- = C$$

活性化は，次のように示すことができる。

$$M + h\nu = M^*$$

M*の不活性化のいくつかのメカニズムは，次のように起きる。

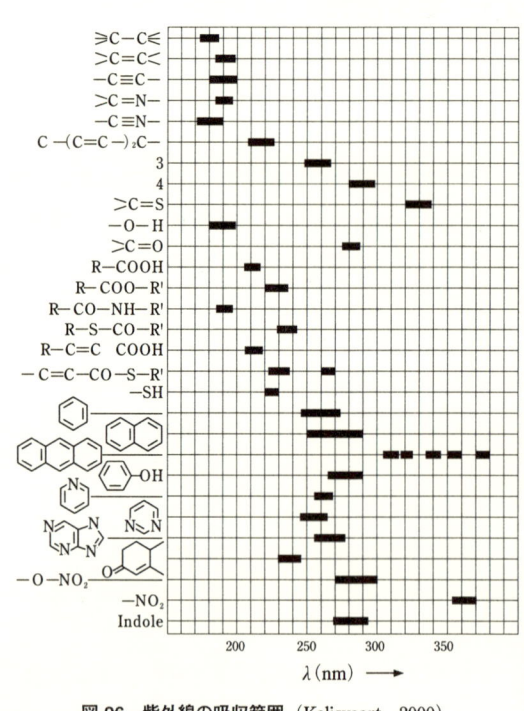

図 96　紫外線の吸収範囲 (Kalisvaart, 2000)

・熱の放散(水処理にとって興味がない)，
・蛍光による光学的なエネルギー移動，すなわち他の活性の低いエネルギーの分子あるいは原子へのエネルギー移動(例えば，連鎖反応メカニズム)，
・分子中の原子間結合の決裂。

後者の2つのメカニズムは，水処理において重要である。

溶解された塩素化炭化水素の分解に関する低圧水銀ランプの253.7 nm波長の直接効果は，1986年と同じくらい早くから研究されている(Frischerz, 1986；Schöller, 1989)。殺菌的な処理条件において，トリクロロエチレン(trichloroethylene)とトリクロロエタン(trichloroethane)の40～85%までを除去するためには1時間の照射が必要だった。

Sundstromら(1986)は，ハロゲン化された炭化水素の直接の光分解を報告した。例えば，トリクロロエチレン濃度58 ppmの溶液から80%の除去は，40分の照射時間を必要とする。他の実験は，同じように塩素化された芳香族化合物の照射に関係する。Weirら(1987)は，ベンゼンの減少のために類似した収率を報告した。ZeffとLeitis(1989)は，メチレンクロライドの直接光分解に関して特許権をとった。従来の設備で濃度100 ppmの溶液から始めると，約60%の減少を得るために25分の照射時間が要求された。

Guittonneauら(1988)は，バッチ反応のシステムにおいてトリハロメタン類と関連したハロゲン化されたエタンの酸化を研究した。結論は，実験的な状況において蒸発損失が応用として無視できないかもしれないということ，そして，実験において炭素−塩素結合の決裂のための証拠がつくられなかった。Nicoleら(1991)は，環状の反応器において再びトリハロメタン類の潜在的な破壊を調査した。彼らは，ただ長い露出時間(例えば，少なくとも30分)の後，炭素-臭素結合が光分解されることを見出した。

さらにUV-Bの範囲も調査されて，それは中圧水銀ランプの使用にとって重要かもしれない。Dulinら(1986)は，UV-Cを光学フィルタによって除かれた中圧水銀ランプでの照射による水中の塩素化芳香族化合物の光分解について報告した。SimmonsとZepp(1986)は，ニトロ芳香族化合物の光分解において，フミン物質が366 nmで内部フィルタ効果(それは，光の少なくとも一部分の吸収による光学的競合である)を示すことを明らかにした。Petersonら(1990)は，中圧水銀ランプで，水中の農薬の直接光化学的な分解を研究した。Toyら(1990)は，1,1,1-トリクロロエチレンを除去するためにキセノンをドープしたアークで調査した。最高80%の除去は，30分の照射の後に得ることができた。最後に，EliassonとKogelschatz(1989)は，より特別にイオン化するか，あるいは炭素-塩素結合を活性化することのできるエキシマ光源を開発した。飲料水処理に関する限り，この開発はまだ実験的な段階にある。

4. 水衛生管理における光化学的な併用酸化プロセスでの紫外線の使用

　微量の有機汚染物質の光化学的な直接反応は，効率の低い，そして高い照射線量での操作が要求されると結論される。ここで言及する反応時間は，殺菌的なランプで 25 分と 60 分の間で変動し，これに比べると，紫外線消毒ユニット中の平均の水滞留時間は，1 秒と 15 秒の間の範囲にある。直接的に光酸化をするこの手段は，4万〜8万 J/m^2 の範囲の紫外線照射線量を必要とする。

　しかしながら，可能な反応は，併用酸化プロセスにおいて潜在的な第二の効果として無視できないかもしれない。水処理で光化学的に受けられる酸化の大部分の原理は，現在の知識では，・OH ラジカルによる化学とみなされる。

　水の直接光酸化は，光合成で重要である (Rabinowitch, 1945)。しかし水処理の条件下で，真空紫外線は，水を反応性の H・と・OH ラジカルに直接，分離することを要求する。他のもう一つの方法は，4.4 で議論する光触媒的なプロセスに基づく。併用的な酸化過程において，・OH ラジカルは，さらにオゾンまたは過酸化水素のどちらかの光分解によって生成される。

　真空紫外線，キセノンエキシマランプ (172nm) は，水の照射におけるラジカルの直接生成のために完全に開発された (Eliasson and Kogelschatz, 1989)。一般的な水処理への応用は，限られた設備のサイズとまだ未確定のコストのため，いまだ考慮する時期に至っていない。

4.1.2　水処理と関連がある・OH ラジカルの特徴

　ヒドロキシラジカルには，酸化と還元の特性がある。・OH の標準酸化還元ポテンシャル [すなわち，普通の水素電極 (計算される) に対して] は，2.47 V (値は，最高 2.8 V が発表されている) である。還元特性は，Weiss (1951) によって分離に基づき提案されている。

$$\cdot OH = O^- + H^+$$

この還元特性は，酸素のモノイオンのためである。さらに，・OH の還元特性は，イオンの酸化において後戻りの反応を決定する。例えば，

$$Fe^{2+} + \cdot OH = (Fe^{3+} - OH^-)$$

その後，

$$(Fe^{3+} - OH^-) + \cdot OH = Fe^{2+} + H_2O_2$$

鉄塩の場合，最初の反応が最も重要なものである。しかし，他の多価イオン (例え

ば，セリウム塩）では，還元の経路はより重要になる(Uri, 1952)。これらの反応のタイプは，水処理においてまだ徹底的には検討されていなかった。現在，酸化の経路が最も多く記述されている。

OH結合の分離エネルギーは，$418 \pm 8 \, \text{kJ/mol}$である(Dwyer and Oldenberg, 1944)。水溶液系で・OHラジカルと関連した酸素種との全体的な反応エネルギーの状況は，Uri(1952)によって**表13**のように報告されている。

表13 ・OHラジカルの反応(kJ/mol)

・OH + H_2O_2 = H_2O + HO_2(ラジカル)	79.5
・OH + HO_2(ラジカル) = H_2O + O_2	322
HO_2(ラジカル) + H_2O_2 = H_2O + ・OH + O_2	125.5
HO_2(ラジカル) + HO_2(ラジカル) = H_2O_2 + O_2	242.7
・OH + ・OH = H_2O_2	196.6
・OH + ・OH = H_2O + O	62.8

ハロゲンイオンは，・OHラジカルの反応を阻害する(Taube and Bray, 1940；Allen, 1948)。効果は，・OH + X^- = OH^- + X・タイプのラジカルイオン移動反応に基づいて起こる。このように，X・ラジカルは，媒体に残ることができ，有機化合物の潜在的なハロゲン化試薬である。これらも，水と直接反応することができる。

$$X・ + H_2O = X^- + H^+ + ・OH$$

X・ラジカルと過酸化水素の類似した反応は，4.2に示す。

反応に関連した熱力学のデータは，**表14**のように報告されている(Uri, 1952)。

表14 ラジカルの熱力学データ

	$\Delta H・$ (kJ/mol)	$\Delta G・$ (kJ/mol)
X・=F・	−88	−63（発熱）
X・=Cl・	+41.8	+46（吸熱）
X・=Br・	+96	+100（吸熱）
X・=I・	+167	+163（吸熱）

活性化エネルギーが関連するこれらの熱力学データは，X・から始まって・OHの後戻り生成の可能性が低いことを示す（F・の発熱的な反応の場合，水溶液中の活性化エネルギーは，$20 \sim 40 \, \text{kJ/mol}$に算定される）。後述する過酸化水素との反応を除いて，ラジカルイオン移動反応の最も重要な効果は，飲料水中で比較的高い濃度でたびたび存在する重炭酸と炭酸イオンとの関連である。

報告されているラジカル捕捉反応は，以下のとおりである。

$$・OH + CO_3^{2-} = OH^- + CO_3^{-・}$$

4. 水衛生管理における光化学的な併用酸化プロセスでの紫外線の使用

そして，

$$\cdot OH + HCO_3^- = OH^- + HCO_3^{\cdot}$$

炭酸イオンとの反応は，重炭酸イオンより非常に重要である(Hoigne and Bader, 1977)。炭酸ラジカルは，それ自体オキシダントのままである。しかし，水処理でのその能力は完全には調査されていなかった。例えば，水溶液系で重炭酸-炭酸イオンの存在でヒドロキシラジカルによって酸化が促進される時，臭化物イオン-次亜臭素酸イオンの酸化による臭素酸イオンの潜在的な形成は，重炭酸-炭酸イオンがない場合の臭素酸イオンの形成に対して増加すると報告されている。予備設計の規則としては，炭酸イオンは，・OH ラジカルに基づく方法によって処理される水中にないことが最適であるとされている(すなわち，pH 8 以下で働く)。

水溶液中で $HO_2^{\cdot}$ ラジカルは，H^+ と $O_2^{-\cdot}$ に分離することができる。$HO_2^{\cdot}$ の pKa 値は，およそ2に等しい(Uri, 1952)。水溶液中で分子酸素 $O_2^{-\cdot}$ 1価のイオンラジカルは，後で議論される H_2O_2/UV プロセス中の中間物として仮定される。酸素(発熱的な)の最初の電子親和力は，66 kJ/mol(O_2 + e = O_2^- + 66 kJ/mol)と算定されている。モノイオンラジカルは，水和される(水和エネルギーは，293 kJ/mol と想定されている)。分子の2価イオン(O_2^{2-})としての酸素は，+ 376.6 kJ/mol の生成熱を伴って HO_2^- と OH^- に加水分解される。

4.1.3 水処理での・OHラジカルの分析的な証拠

Bors ら(1978)は，飲料水の処理を通してそれらに相当する条件で・OH ラジカルの特定の存在の証拠に関した実際的な可能性を考慮した。染料が一重項酸素によって漂白されないので，p-ニトロソジメチルアニリンの漂白は，可能な方法であるようである(Kraljic and Moshnsi, 1978；Sharpatyi et al., 1978)。染料溶液も，過酸化水素の存在で安定している。しかし，過酸化水素+紫外線の応用では安定していない(Pettinger, 1992)。オゾンの出ない紫外線は，実際問題としてその範囲内で染料を漂白できない。しかし，オゾンを加えたり，あるいは現場で発生させると干渉する。

p-ニトロソジメチルアニリンは，ヒドロキシラジカルと速く反応する：k_2 = 1.2 × 1 010 L/mol·s (Baxendale and Wilson,1957)。pH 9 で,435 nm における水中のモル吸収係数は，84 400 L/mol·cm として報告されている。それは，初期濃度 4 × 10^{-4} mol/L 溶液の漂白を測定することと，空気で酸素を飽和させた水で操作することが

条件である(Pettinger, 1992)。

飲料水処理プロセスに利用できる条件では，・OH ラジカルの検出と決定のための正確な実験案または標準方法は決められていない。ヒドロキシラジカルの寿命がナノ秒の範囲にあるのを思い出さなければならない。そして，水中の・OH のようなラジカルの潜在的な定常的な濃度は低い[Acero and von Gunten(1998)によって10^{-12}〜10^{-13} mol/L と推定された]。

ヒドロキシラジカルのUV-C の範囲での吸光度は，およそ 500 〜 600 L/mol·cm である。254 nm での比較値が，$HO_2^{\cdot}$で1 000 L/mol·cm，O_2^{-}で 2 100 L/mol·cm，$HO_3^{\cdot}$で150 L/mol·cm。脂肪族のペルオキシラジカルのための一般的な値は，1 200 〜 1 600 L/mol·cm までの範囲内にある。過酸化水素の場合は，後述する。

水処理の条件では，そのようなラジカルの潜在的な光学的干渉作用は，UV-C の範囲において取るに足りないと結論される。しかしながら，そのようなラジカルは，UV-C を吸収することによって活性化され，無視することはできなくなる。クロロフェノール類の分解についての文献としては，Trapido ら(1997)によって報告されている。

4.1.4　水溶液中の有機化合物とヒドロキシラジカルの反応

いくつかのメカニズムは，相伴って競合的な経路で動いており，Peyton(1990)によって研究された。

4.1.4.1　過酸化水素への再結合

過酸化水素への再結合の反応は，次のとおりである。

$$2 \cdot OH = H_2O_2$$

4.1.4.2　水素引抜き

水素引抜き反応は，次のように説明される。

$$\cdot OH + \cdots + RH_2 = \cdots, RH^{\cdot} + H_2O$$

これらの最初のステップは，溶存酸素によって不可逆な反応が続く。

$$RH\cdot + O_2 = RHO_2^{\cdot}$$

水素引抜きの概念は，支配的な反応経路のようである。装置設計上として，もし・OH に基づく酸化に委ねるならば，溶存酸素を飽和させた水(過飽和にさえした)を勧め

ることになる。

有機的なペルオキシラジカル$RHO_2^\cdot$がさらに熱的に制御された酸化を始める。

・分解と加水分解。
$$RHO_2^\cdot = RH^+ + (O_2^{-\cdot} + H_2O) = RH^+ + H_2O_2 + O^-$$

・均一化。
$$RHO_2^\cdot + \cdots, RH_2 = RHO_2H(すなわち、ヒドロキシカルボニルとカルボン酸) + RH\cdot$$

このように連鎖メカニズムが始まり、おそらく重合体の生成が起こっている。後者は、凝集、フロック形成、沈澱のような古典的なプロセスによって簡単に除去される。

・$O_2^{-\cdot}$のH_2O_2への加水分解による不活性化。

このようにもう一つの循環する経路を維持している。

4.1.4.3 求電子的付加

炭素-炭素二重結合システムのような有機的π結合システムへの直接の付加は、脱塩素反応の中間物である有機的なラジカルにつながる。クロロフェノール類に関した徹底的なレビューが利用できる(Trapido et al., 1997)。

4.1.4.4 電子移動反応

$$\cdot OH + RX = OH^- + RX^{+\cdot}$$

この反応は、$\cdot OH$ラジカルの還元に相当し、複数のハロゲン化置換化合物の場合に重要なようである。

4.2 過酸化水素と紫外線との組み合わせ

4.2.1 一般的な面

過酸化水素は、0.01～10μmol(すなわち、0.34μg/L～0.34mg/L)までの濃度範囲で自然の水中に存在することがある。この自然の過酸化水素は、日光によって分解され、自然の浄化メカニズムに貢献することができる。しかし、反応している

濃度は，非常に低いレベルに相当する。過酸化水素は，ドイツでは 17 mg/L，またベルギーでは 10 mg/L の濃度で飲料水に許容された技術的な添加物である。ヨーロッパの規格化（CEN）委員会は，17 mg/L の制限で採用を考慮している。

ヒドロキシイオンの生産源としての過酸化水素の利点は，
・試薬の工業的な広い利用。
・水との高い（ほとんど無限の）混合性。
・比較的単純な貯蔵条件と添加手法。
・ヒドロキシラジカルの高い潜在的な生産性，分子につき 2 個。

水処理のための・OH をもとにしたの光化学的な方法の中で，過酸化水素に特有な直接利用の主なる欠点は，以下のとおりである。
・古典的な紫外線の範囲の波長における低い吸光度（下記参照）。
・ヒドロペルオキシラジカルをつくり上げる潜在的な不均化反応，後者（より少ないか活発でない）は，潜在的に有用な過酸化水素の濃度に制限される。

$$H_2O_2 + \cdot OH = H_2O + HO_2\cdot$$

一般的に認められた紫外線照射でヒドロキシラジカルを生じる過酸化水素最初の反応メカニズムは，2 つの・OH ラジカルへの分裂である。

$$H_2O_2 + (h\nu) = 2 \cdot OH$$

量子収率は，希釈溶液中でほぼ 1 である。熱力学によれば，この反応は，およそ 230 kJ/mol 程度の吸熱反応である。活性化エネルギーは，光解離を通して核間距離を維持するために必要である（Franck‐Condon 原理）。必要な初期のエネルギーは，314 kJ/mol の範囲にある（Kornfeld, 1935）。

高い濃度（例えば，g/L の範囲）で，過酸化水素の直接の紫外線による光分解反応は，零次である。言い換えると，工業的な利用の中に存在するそのような条件下では，光束が律速段階である。過酸化水素濃度の 10 mg/L までの低濃度は，過酸化水素の分離反応が一次の速度論に従うこととなる。

$$C(H_2O_2) = C_0(H_2O_2) \times e^{-kt}$$

k 値は，紫外線ランプ技術と反応器設計の機能としては異なる。例えば，k のための典型的な値は，低圧 8 W(e)ランプ（185 nm を含まない）のための 0.016/min と，また 185 nm も放射している 15 W(e)ランプのための 0.033/min である。類似した電力で，さらに 200～220 nm まで連続して放射しているキセノンドープ低圧水銀ランプによって k 値をほぼ 2 倍にすることができる（Pettinger, 1992）。

4. 水衛生管理における光化学的な併用酸化プロセスでの紫外線の使用

この仮定のもとで速度論的な定数は次のように転換できる(Guittonneau et al., 1990)。

$$k = \frac{2.3 \times A \times \Phi \times L \times r \times I_0}{V}$$

ここで, A ：吸収係数(常用対数),
Φ ：量子収率,
L ：層の厚さ,
r ：反応器壁の（紫外線）反射係数,
I_0 ：紫外線光源の放射強度,
V ：照射した水体積。

過酸化水素 mg/L の濃度範囲において，量子収率は 0.97 〜 1.05 と報告されている(Baxendale and Wilson, 1957)。したがって，実際的な反応器条件下の過酸化水素の光分解比率の測定は，実験シリーズを通して操作状況の恒久性をチェックすることと同様に与えられたランプ反応器の構成で光束を計れるようにさせた(Guittonneau et al., 1990)。しかしながら，過酸化水素の光分解の量子収率は，温度に依存しており，Φは，20℃で 0.98，0℃近くで 0.76 と報告されている(Schumb and Satterfield, 1955)。実質的な結果は，量子収率と，ランプの外部温度の関数としての紫外線出力低下との間での妥協が必要である。

Pettinger(1992)は，低圧ランプ(Heraeus TNN 15)の実験を繰り返し，温度の関数として，ランプの光子出力 対 過酸化水素希薄水溶液(10 ppm)の分解の一次反応定数を標準化した。一連のデータを **表15** に示す。

253.7 nm で，H_2O_2の吸収係数($\log_{10}$)が 18.6 L/mol·cm に等しいこと，これに反して，分離された(酸性の)形 HO_2^- では, $A = 240$ L/mol·cm である。したがって，過酸化水素の酸度定数(pKa = 11.6)は，非常に重要で，溶存した H_2O_2 の光化学的な分離の収率に影響する。自然水中で，しかし高い pH 値(例えば 12，そして，より高い) では起こらない。なぜならば，炭酸塩のアルカリ性が・OH を捕捉しているので，必要な妥協は，全体的な分析的なデータと処理目的に基づいて確立される必

表 15 光子放出と希釈水溶液における過酸化水素の紫外線分解の一次反応速度定数
(Pettinger, 1992)

T(℃)	相対光子放出	速度定数 k(/min)	k/相対光子放出
25.0	1.00	0.034	0.034
17.5	0.78	0.029	0.037
10.0	0.58	0.026	0.045
5.0	0.45	0.013	0.028

要がある。

そのうえ、過酸化水素の不均化は、pKa＝11.6 の pH で次のように起こることが知られている。

$$H_2O_2 + HO_2^- = H_2O_2 + O_2 + \cdot OH$$

過酸化水素のUV-C の範囲での吸収を**図 97** に図示する。したがって、飲料水処理の規模に現在利用できるランプ技術の中では、200 ～ 220 nm の連続で放射するドープされたランプと中圧ランプが過酸化水素溶液から・OH の生成する場合に最も効率が良い。しかし、自然水中では硝酸イオンの第二の効果を考慮する必要がある。

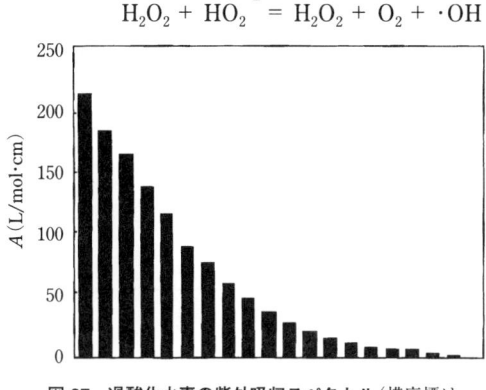

図 97 過酸化水素の紫外吸収スペクトル（横座標は、195 ～ 290 nm 範囲で 5 nm 刻み）

4.2.2　硝酸イオン濃度の効果

水溶液中の硝酸イオンの吸収スペクトルを**図 98** に示す。このように硝酸イオンによる吸収は、200 ～ 230 nm 範囲の紫外線に対して、利用できる光子線量を低下させ、過酸化水素の光分解によるラジカルの生成収率を下げるため、競合となる。この競合は、高出力中圧ランプよりも、さらに 200 ～ 220 nm 範囲に放射するドープされた低圧水銀ランプに対してより高い。

紫外線の吸収によって硝酸イオンは活性化される。

$$NO_3^- + h\nu = (NO_3^-)^*$$

引き続き亜硝酸イオンの生成が起こる。

$$(NO_3^-)^* = NO_2^- + (O)$$

そして、

$$(O) + NO_3^- = NO_2^- + O_2 \quad (Bayliss\ and\ Bucat,\ 1975\ ;\ Shuali\ et\ al.,\ 1969)$$

Shuali ら（1969）によれば、亜硝酸イオンの生成への代わりの経路は・OH の生成を伴う。

$$(NO_3^-)^* = NO_2^- + O^*$$

4. 水衛生管理における光化学的な併用酸化プロセスでの紫外線の使用

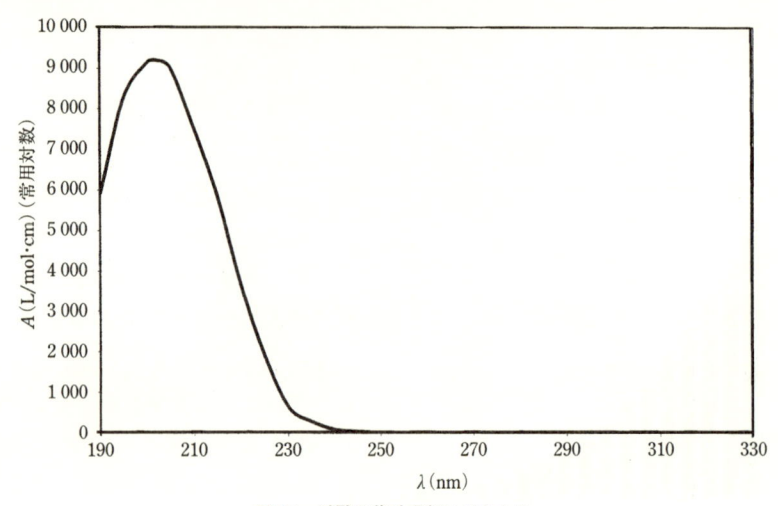

図 98 硝酸の紫外吸収スペクトル

そして，

$$O^* + H_2O = \cdot OH + OH^-$$

反応は，pH 1.5 ～ 12.8 の広い範囲にわたり起こる。

硝酸イオンの光分解による亜硝酸イオンの生成は，過酸化水素による反応があろうとなかろうと，**図 99** に示されるとおり起こる (Pettinger, 1992)。低い照射線量

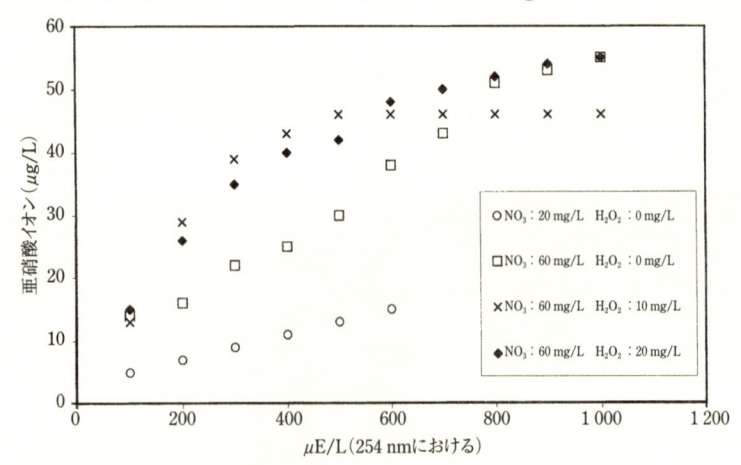

図 99 硝酸イオンの紫外線分解(185 nm のフィルタを用いた低圧水銀ランプ。200～220 nm 範囲で放射増加のない従来型殺菌ランプ，[Pettinger,K.H.(ドイツ Technical University of Munich の学位論文，1992)])

において，過酸化水素の添加は，重要な効果を持つ。しかし，より高い光子線量では，光化学的な効果の方が優れているようになる。

200 〜 220 nm 範囲と同様に 185 nm の波長を放射しているランプの場合，亜硝酸イオンの生成は重要になる（**図 99，100** に示すサンプル実験で図示される）。インジウムのドープランプへの曝露での亜硝酸イオンの生成は，従来の低圧殺菌ランプよりも，もう一つ大きなオーダで起こる。

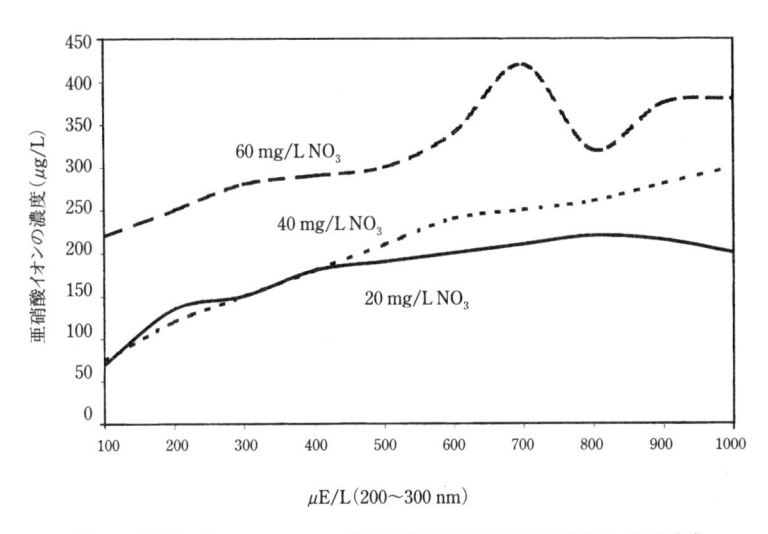

図 100　硝酸への 185 〜 220 nm 範囲の紫外線照射による亜硝酸イオンの生成

4.2.3　過酸化水素と紫外線併用酸化に関する報告データ

飲料水中の過酸化水素-紫外線に関し，実物大の多くの研究データは，まだ広く報告されていない，しかし，プロセスは重要な開発段階にある。水中からの有機化合物除去に関する研究とパイロットプラント調査からのデータは，Legrini ら（1993）によって再調査された。酸化される化合物のタイプによって情報源は，以下のように分類される。

・塩素化された（そして，臭素化された）低分子の化合物（Glaze et al., 1987；Guittonneau et al., 1988；Masten and Butler, 1986；Sundstromet al., 1986；Sundstrom et al., 1989；Symons et al., 1989；Weir and Sundstrom, 1989）。

4. 水衛生管理における光化学的な併用酸化プロセスでの紫外線の使用

・フェノール，塩素化フェノールとニトロフェノール（Castrantas and Gibilisco, 1990；Köppke and von Hagel, 1991；Ku and Ho, 1990；Lipczynska-Kochany and Bolton, 1992；Sundstrom et al., 1989；Yue and Legrini, 1989, 1992；より排水処理に関しては, Yost, 1989）。

・有機塩素化農薬（Bandemer and Thiemann, 1986；Bourgine and Chapman, 1996, p.Ⅱ.a；Winner, 1993；Kruithof, 1996；Kruithof and Kamp, 2000）。

・単環芳香族炭化水素（また，置換化合物）（Barich and Zeff, 1990；Bernardin, 1991；Beyerle-Pfnür et al., 1989；Cater et al., 1991；Glaze and Kang, 1990；Guittonneau et al., 1988a,b, 1990；Ho, 1986；Peterson et al., 1990；Sundstrom et al., 1989；Symons et al., 1989；Symons et al., 1990；Bischof, 1994；Dussert et al., 1996, p.Ⅰ.Ⅳ.a）。

・種々雑多な化合物と特別なケース。

　四塩化炭素（Guittonneau et al., 1988；Sundstrom et al., 1989；Symons et al.1989）。

　Diethylmalonate（Peyton and Gee, 1989）。

　Dimethylhydrazine（Guitonneau et al., 1990）。

　ジオキサン（Cater et al., 1991）。

　フレオンTF（Yost, 1989）。

　メタノール（Zeff and Leitis, 1988；Barich and Zeff, 1990）。

　除草剤（Peterson et al., 1990；Pettinger, 1992）。

調査の結果は，しばしばシステムに依存したままである（特定の反応器と与えられたランプが使われる）。一般にシステムの幾何学的な記述は正確であるが，工業用のスケールアップに必要なパラメータである kJ/m^2 において，真の吸収された線量を評価することは不可能である。データは，たびたび曝露線量に関して最も多く報告される。この点に関した推奨は，本章の終わりに公式化する。

初期濃度 $10^{-5} \sim 10^{-4}$ mol/L の範囲で20〜22℃における一般的な観察結果からは，汚染物質の 60〜100％への減少に 30〜90 分を要するということである。これも，水の一般的なマトリックス［全有機炭素（TOC），pH，溶存酸素，その他］に依存する。エネルギー消費に関しては，実施において，そのうえパイロットにおける調査では，80％の除去に 0.8 kWh を考慮に入れなければならない（Bourgine and Chapman, 1996）。

紫外線-過酸化水素の組み合わせは，臭化物イオンを含む水で，臭素酸イオンのより少ない生成をもたらすので，大規模な応用が計画される（Kruithof and Kamp, 2000）。

4.3 水衛生管理におけるオゾンと紫外線の併用

4.3.1 紫外線の照射によるオゾンの分解

オゾンは，260 nm(すなわち，低圧水銀ランプの放射のところに)において，最大の吸光度で強く紫外線を吸収する。これは，**図 101**(最大の吸光度 3 000 L/mol·cm)に図示されているHartley(ハートリー)バンドと呼ばれる。

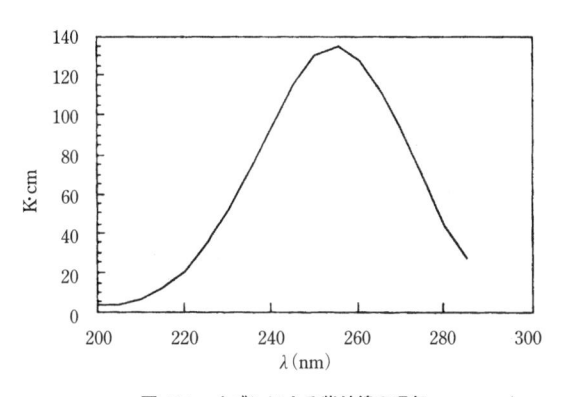

図 101　オゾンによる紫外線の吸収

微生物的な効果に関して，オゾン-紫外線併用のための多色放射の紫外線光源の潜在的な効率は，5 nm 刻みヒストグラムによって計算することができる。多色放射の光源のために，オゾンの最大の吸光度を 254 nm (A = 3 000L/mol·cm)で 1 として，以下の関連している潜在的な効率パラメータを得る。$f(\lambda)$は，λのセグメントにおける吸光度 3 000，$I_0(\lambda)$は，5 nm のセグメントにおける放射強度の比較部分，そして$f(\lambda) \times I_0(\lambda)$は，オゾンと併用作用を生じるセグメントにおけるランプの潜在的な放射効率である(**表 16**)。

ブロードバンド紫外線放射の直接効率を図 22 に示したが，その範囲では次のようになる。

$$\Sigma f(\lambda) \times I_0(\lambda) = 27.8$$

これは，ランプの UV-C の放射された強度のほぼ 30％が潜在的に紫外線-オゾン併用プロセスに対して効果的であることを意味している。

4. 水衛生管理における光化学的な併用酸化プロセスでの紫外線の使用

表16　オゾンとの併用効果でもたらされる紫外線ランプの潜在的効率

λ(nm)	$f(\lambda)$	$I_0(\lambda)$	$f(\lambda) \times I_0(\lambda)$	λ(nm)	$f(\lambda)$	$I_0(\lambda)$	$f(\lambda) \times I_0(\lambda)$
200	0.02	1	0.02	260	0.944	7.0	6.60
205	0.033	1.85	0.061	265	0.83	3.45	2.86
210	0.055	2.45	0.13	270	0.63	2.1	1.32
215	0.089	3.15	0.28	275	0.47	1.55	0.73
220	0.133	3.4	0.45	280	0.32	2.5	0.8
225	0.206	3.35	0.69	285	0.206	0.6	0.124
230	0.3	3.15	0.95	290	0.139	1.55	0.22
235	0.47	2.75	1.29	295	0.09	0.8	0.072
240	0.76	2.1	1.6	300	0.045	3.5	0.16
245	0.89	0.95	0.85	305	0.028	–	–
250	1	3.45	3.45	310	0.01	–	–
255	0.98	5.25	5.15	315			

　紫外線によるオゾンの分解に関して，出版物の多くは，主に大気オゾンについて述べている。水処理の目的のためのオゾン光分解を要約すると，基本的には吸収した光子線量に関して一次反応であることである(Masschelein, 1977；Laforge et al., 1982)。また，量子収率（吸収した光子につき分解されるオゾン分子の数)は，4と16の間で変化し，水が蒸気，液体（水滴を含むこと）のどちらで存在しても強く増加する。全体的な反応スキームは，報告されている(Wayne, 1972；Lissi and Heicklen, 1973；Chameides and Walker, 1977)。さらに，量子収率は，ガス相で増やされたオゾン濃度で増加する。全体は，酸素のエネルギー図と関連がある（**図102**)。その連鎖反応メカニズムは，2つの重要な発熱反応によって支えられる。

$$O(^1D) + O_3 = 2\,O_2 + 580\,\text{kJ/mol}$$

そして，

$$O(^3P) + O_3 = 2\,O_2 + 400\,\text{kJ/mol}$$

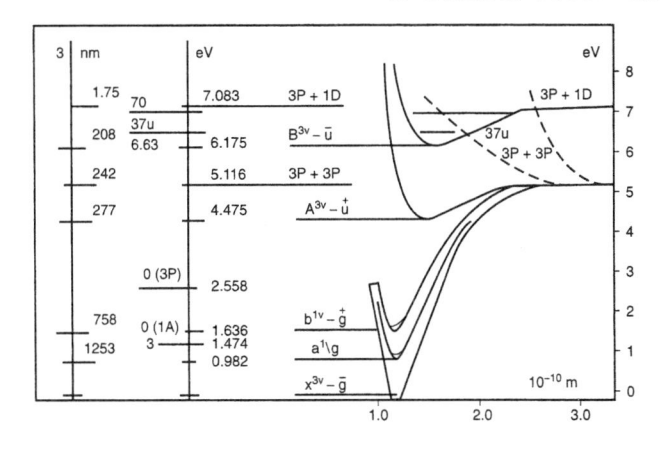

図 102 酸素のエネルギー図

4.3.2 実際的な証拠

4.3.2.1 混合相システム

混合相システム(すなわち,気体状のオゾンは,水を通して泡立つか,あるいは紫外線反応器の中を流れている)では,反応は,溶液の容積全体ではなく気体-液体界面の境界層で起こるという証拠がある(Denis et al., 1992)。これは,酸化された分子の上での $O(^1D)$ ラジカルの直接作用の可能性が大きい。

4.3.2.2 均一相システム

溶解あるいは水中オゾン(すなわち,紫外線による均一相で)の分解に対するもう一つの仮説は,過酸化水素の中間生成である([Peyton and Glaze, 1986, 1988)。

$$O_3 + h\nu = H_2O_2 + O_2$$

この反応から,過酸化水素-紫外線システムをいろいろ考慮すると,ヒドロキシラジカルが生成される可能性がある。

組み合わされたオゾン-紫外線プロセスは,製紙工業でパルプ漂白水の脱色のために使われた(Prat et al., 1990)。現在,この技術は,工場排出水と埋立て地の浸出水の処理に広く使われている(Leitzke, 1993)。有毒もしくは邪魔な化合物の除去を目的とした飲料水処理への利用が将来予想される。しかし,個々の事例おける費用効果についての評価が必要である。Sierka ら(1985)は,集中的にフミン酸の除去の

研究(中圧水銀ランプで TOC の除去)を行い，50 分照射後に 99％の除去を成し遂げることができた。併用的な紫外線-オゾン処理によって酸化することができる広範囲の種類の化合物が Legrini ら(1993)によって報告されている。

また，網羅的なリストは，主に次の化合物を含む。
・塩素化脂肪族化合物(Francis, 1986；Himebaugh and Zeff, 1991)。
・塩素化芳香族化合物(Fletcher, 1987)。
・フェノール化合物(Gurol and Vastistas, 1987；Trapido et al., 1997)。
・置換芳香族化合物(Xu et al., 1989)。
・2,4-ジクロロフェノキシ酢酸または 2,4-D(Prado et al., 1994)。
・アルコール類，カルボン酸類，アルデヒド類(Takahashi, 1990)。
・殺虫剤(Yue and Legrini, 1989)。
・シアナジン系除草剤(Benitez et al., 1994)。
・洗剤，染料，そして塩素化されたベンゼン(Shi et al., 1986)。
・グリコール類(Francis, 1986)。

4.3.3 コスト

飲料水処理の主要な方法として紫外線-オゾン処理の組み合わせプロセスの大規模な利用は，今までは財政的な理由のために，制限されたままである。しかし，今後，大規模な開発が予想される。この方法は，現在，浸出を通して重度に汚染された工場排出水の衛生管理のために利用されている。

4.3.4 酸素(または空気)の紫外線照射によるオゾンの技術的な発生

水処理に使うオゾンの光化学的な発生への可能性が主張され，そして，従来の紫外線ランプを使う方法の展望とその限界が広く調査された(Dohan and Masschelein, 1987)。140 〜 190 nm の範囲において，紫外線に曝露される酸素からのオゾン生成に関する最初の情報は，Lenard(1900)によって報告され，Goldstein(1903)によって十分に査定された。これらの早い時期の実験で得られた実際的な収率は，酸素中にオゾン 50 〜 300 mg/m^3 の範囲において 0.2 〜 0.3 g/kWh または 3 kWh/g O$_3$ のエネルギー消費量であった。方法は，McGregor(1986)によって申請されている。

4.3 水衛生管理におけるオゾンと紫外線の併用

基本的に,従来あるいは進歩した水銀ランプ技術におけるオゾンの発生は,185 nm の共鳴放射に頼る。しかしながら,酸素の吸光度は小さい(**図 103**)。

仮の結論は,次のように公式化できるだろう。

・185 nm での酸素の吸光度(常用対数)は,約 0.1/cm・atm。言い換えると,それは 260 nm の領域(134/cm・atm)におけるオゾンのハートリーの吸光度より非常に低い。従来の水銀ランプによるオゾン分解に対して,光学的なオゾン生成のバランスはあまり適していない。

・光学フィルタは,低い波長での紫外線放射を除くために存在し(**2.7.6** 参照),光学的な定常バランスをオゾン光分解に対してオゾン生成のより少ない状況へ置いた。

・ペニングガスをドープすることによって放射の浅色団的な移動が成し遂げられれば,与えられた波長での酸素による吸光度の 10 〜 100 倍で,増加は起こり得る(**図 103** 参照)。これは,光学的な定常のバランスを逆にすることができる。

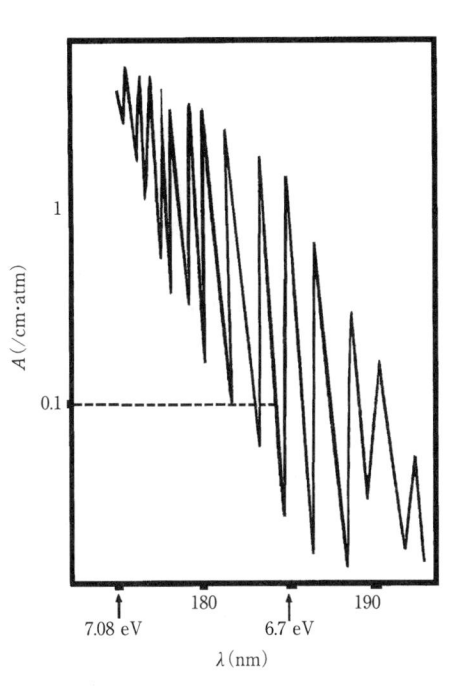

図 103 ガス状酸素の紫外線吸収

・キセノン放射ガスに基づき紫外線を連続的に放射するランプの開発は,将来の改良のための挑戦である(Fassler and Mehl, 1971)。

・未発表の観察調査(Bossuroy and Masschelein, 1987 〜 1992)では,しかしながら,185 nm の波長(いわゆるオゾンランプ)で発する水銀ランプの囲い,またはランプの石英の劣化は,非常に速く起こり,500 〜 700 h の後,これらの波長で少なくとも 50%の透過率損失に終わる。確かめられた観察は,紫外線ランプの囲い材料と石英のソラリゼーションにおいて意味のある重要性を持っている。オゾンの生成しないランプは,オゾン抑制剤(例えば,二酸化チタン)を石英に

- 溶かし込むことによって得られる。
- キセノンエキシマランプは，制御された真空紫外線(VUV)範囲において酸素の流れで，オゾンを発生させるために提案されている。酸素-オゾン関連のオキシダントを 200 nm より低い波長で発生させるプロセスは有望である(Hashem et al., 1996)。装置の劣化は，いまだ完全に解明されていない。

4.4 紫外線の触媒作用のプロセス

難分解性の強い汚染物質の除去のために利用される酸化の試験的な進歩は，半導体上での光吸収によって生産されるラジカルを使う光触媒的な処理にある。Carey ら(1976)は，二酸化チタンの存在でビフェニールと塩化ビフェニール類の光触媒的な分解について最初に報告した。二酸化チタンは，他の金属酸化物に関連しているのかどうか，危険な廃棄物の浸出液から邪魔な化合物を除去するために，その見込みが集中的に調べられた。主題についての文献は，Legrini ら(1993)によって，そしてセミナーの要旨で批評された(Al Ekabi, 1994 et seq.)。飲料水処理に関する限り，重要な応用はこれまで存在しない。TiO_2と他の金属酸化物(Ce, Pt, Mn, その他)の組み合わせは，この応用のために予備の毒物学的な評価を必要とするかもしれない。銅イオンの組み合わせは，もう一つの実行可能な選択である(Paillard, 1996)。

プロセスの基本の原則は，電子ホールを持った半導体の生成である。

$$TiO_2\ (+h\nu) \rightarrow TiO_2(h^+) + TiO_2(e^-)$$

この反応は，従来の紫外線範囲，A, B, C のすべての波長によって始めることができる。したがって，中圧水銀ランプで放射されるすべての光は，潜在的に利用できる。

初期反応の量子収率は，非常に低く，Mathews(1989)，Pellizetti(1985)，Bolton(1991) によると，0.05 と等しいか，より小さい。反応は，日光への曝露において若干の制限で得ることができる(Takahashi et al., 1990)。電子を空にした本体での酸化は，短い距離でだけ起こる，すなわち，触媒上に吸着された分子(例えば，水または吸着された有機物)に，

$$TiO_2(h^+) + H_2O(吸着) \rightarrow TiO_2 + H^+ + \cdot OH(吸着)$$

同様に吸着された有機化合物の直接反応が可能でもある。

$$TiO_2(h^+) + RY(吸着) \rightarrow TiO_2 + H^+ + RY\cdot (吸着)$$

分子状の酸素は，電子アクセプタとしての働きをするために存在しなければならない。

$$TiO_2(e^-) + O_2 \rightarrow TiO_2 + O_2^{-\cdot}$$

過酸化水素の相補的な追加は，・OH ラジカルの生成をかなり増やすことができる。そして，おそらく次の反応経路をたどる。

$$TiO_2(e^-) + H_2O_2 \rightarrow TiO_2 + OH^- + OH\cdot$$

　パラメータの決定は，pH，酸素濃度と TOC 濃度である。プロセスは，触媒表面の短い距離で吸着と反応によって制御される。したがって，解決すべき重要な問題は，吸着の可逆性に関連して，適切な触媒表面の形成，処理水から触媒の除去，設備の建設材料，そしてこのプロセスで必要な速度論的な基本知識である (Legrini et al., 1993；Okatomo et al., 1985a,b)。現在まで，二酸化チタンプロセスは，工場排出水と浸出液の処理に集中されていた。しかし，飲料水処理のための開発が将来始まりそうである。

4.5 紫外線併用酸化プロセスに対する仮の設計規則

　4.1.1 において説明され，報告されたデータ（非常に正確な）は，しばしば一般的なガイドラインの直接の公式化を可能にするには，あまりにもシステムに依存している。試みは，紫外線によって援助された酸化プロセスのデザインワークに必然的に先行するところの重要な，ある本質的な面への注意を次のように引き出せる。

① 処理される水の流れ，処理計画案がすでに存在：最小限で，最大で，そして平均のガイドラインが将来のために予想される。

② 完全な記録と，処理される水の定量化された紫外吸収スペクトル：200 〜 400 nm への紫外線の全範囲において，これらスペクトル（もしあれば，時間内の変動）は，おそらく紫外線と組み合わせて使われるオキシダントと，そしてランプ技術の選択において支配的なパラメータである。

③ 時間内の変動による全有機炭素（TOC）の記録：汚染物質の特性タイプに関するより正確な情報，そして現在，除去は最大限の重要な目的である。

④ 水の構成物質のイオン的なバランスと，特別な重要さを伴った変動。

　a. 全アルカリ度，炭酸塩アルカリ度と pH。これらのパラメータは，酸性への前処理を設置する必要性を決定することができる。

4. 水衛生管理における光化学的な併用酸化プロセスでの紫外線の使用

    b. 溶存酸素濃度。紫外線によって援助された酸化プロセスは，高い溶存酸素濃度によって支持される。実在する濃度は，事前の曝気または酸素化の必要を決定することができる。

    c. 水の硝酸イオン含量と変動。このパラメータは，直接ランプ技術かの選択に影響して，そのうえ紫外線-過酸化水素か紫外線-オゾン技術かの選択を決定することができる。

    d. 水の温度範囲。このパラメータは，利用するランプ技術とおそらくランプ囲いの選択に影響する。

    e. 水の濁度範囲。このパラメータは，システムを構成しているランプの清掃に影響する。

⑤ 一般細菌と腸内細菌：これらの数は，消毒と酸化の組み合わせを決定することができる。

⑥ 予備的な調査：もし，ローカルな状況の経済的な範囲内で実行可能であるならば，それは研究，望ましくは処理水のパイロット研究で，少なくとも事前の調査をすることを勧める。設計に役立つために，これらの評価は，②～⑤で指定される情報を報告しなければならない。さらに，方法の完全な記述のほかに，これらの評価は，使用される照射線量を記述しなければならない（J/m^2）。実験的な反応器設計の概念と線量の評価は，第2章で記述した。

⑦ 水衛生における紫外線-併用酸化プロセスの設計のチェックリスト。

    a. 事前情報の信頼性と成し遂げる目的の定義（①～⑥参照）。

    b. 提案されるシステム 対 選択肢の基本的な正当化。

    c. 相補的な設置と操作状況に関してのコメント（既存に組み込みか，将来の処理案，計画，pH-調整，曝気-酸素化，混合状態，その他）。

    d. 必要となる自動化とリモートコントロールの程度。

    e. 必要な安全と予備のレベル。

    f. 目的の優先順位（組み合わされた消毒と光化学的な酸化の有無にかかわらずどちらでも）。

    g. 正当化 対 二者択一の酸化方法。

    h. 標準，そしてあてはまる実行のコード（電気的で，周囲での，環境での安全面）。

    i. プロジェクトの経済的な評価。

j. メンテナンスと予備部品のコスト。
k. 適用できる保証のレベル。
l. 既存の設備の参照(場所,印刷物,その他)。
m. 将来の拡張と開発のための柔軟性。

5. 排水の衛生のための紫外線の使用

　紫外線は，消毒副生成を生じない，もしくは非常に低いレベルでしか生じないように処理できるため，排水の消毒においては貴重な代替法である。懸濁した排水中では，懸濁物により菌体が保護されている場合も含めて，曝露後の菌体が潜在的に再活性化することは否定できないところである。現在，副生成物の生成を促進するような高い紫外線線量に対して一般的な規則は存在していない。各種ケースにおいてパイロット調査を行うことは賢明である。また，放流処理水の潜在的な毒性についても評価しておかなければならない。

　飲料水処理とは対称的に，排水処理はヨーロッパより米国において確立されてきた。U.S.EPA(1986)での調査によれば，20年以上の経験があり，二次処理水の消毒のために紫外線を使用している施設は，600以上に達している(Martin, 1994)。消毒副生成物問題の重要性が進展する中，紫外線の技術開発は，現在も進行中である。米国とカナダにおいて1 200の現場で運転中であるといわれている(Blatchley and Xie, 1995)。排水処理におけるヨーロッパでの利用件数については参照できるような明確なレポートはない。

5.1　処理された排水の消毒のための規則とガイドライン

　農作物の灌漑に排水を再利用することに関して，世界保健機関(WHO)は，規則的な間隔で集めるサンプルの80％において100 mL当りの大腸菌群数の最大値が100以下であることを推奨している。都市の排水処理に関するEUの指令は，処理水が環境に放出されるため，特定の消毒を必要としないとしている[91/271/European Economic Community(EEC)] (O.I.25-05-1991)。参加国の州または地元当局は，処理

5. 排水の衛生のための紫外線の使用

水再利用のための特定な必要条件をつけることができる（レクリエーション，魚介の養殖，穀物の潅漑など）。

1975 年 12 月 8 日の EU 会議での指令は，水浴用水に対して次のような細菌の基準を設置した。それらは，消毒された排水を評価するうえで第一の基準点であるといえる。

- 大腸菌群数：数値としては，測定地点のサンプルの 80%に対して 100 mL 当り 500 未満，そして，指定されたサンプリング地点での測定の 95%に対して 100 mL 当り 10 000 未満を絶対に超えてはならない。
- 糞便性大腸菌：数値としては，測定サンプルの 80%に対して 100 mL 当り 100 以下と，測定の 95%に対して 100 mL 当り 2 000 を絶対に超えてはならない。
- 糞便性連鎖球菌：サンプルの少なくとも 90%が 100 mL 当り 100 未満の基準の数値に従うこと。

これらの指令は，EU 各国における規則の基本となるものである。

フランスでは，排水の処理水の放出と再利用水の一般的な条件は，1994 年 6 月 3 日の Décret 94-469 によって定められている。特定の再利用については，それぞれのケースごとに許可が決められることになっている。一つの例は，Deauville の海水浴場である。夏季における二次処理水に対して適用される地方基準（二酸化塩素を使う）では，海岸より 2 km 先の海中に放出する処理水で 100 mL 当り大腸菌群数が 2 000 以下となっている (Masschelein, CEFIC, 1996)。

もう一つの例は，Dieppeである。必要条件として，大腸菌群数が 100 mL 当り 10 000 未満で，糞便性大腸菌が 100 mL 当り 10 000 未満，*Streptococcus faecalis* が 100 mL 当り 1 000 未満と定められた（最小 24 検体の 95%に対して）(Baronetal., 1999)。例えば，ATV (1993) も，一般的な国家の基準を推奨している。

南アフリカでは，処理された汚水に適用できる標準として，サンプル 100 mL 当り糞便性大腸菌が検出されないことを指定している［South African General and Special Standards (1984) 参照］。

米国の必要条件は，U.S.EPA Design Manual on Municipal Wastewater Disinfection によって公式化されている (Haas et al., 1986)。各州は，特定の必要条件を定めることができる。典型的な例を次に引用する。

California Code of Regulations 第 3 章 4 節の表題 22 に従うと，次のとおりである。

- もし潅漑のためにスプレー散水を使う場合は，100 mL 当りの大腸菌群数の中央

値が 2.2 未満である(許される最大の例外は,月に 1 度 100 mL 当り 23 未満)(Braunstein et al., 1994)。

・Contra Costa 衛生地区は,100 mL 当り大腸菌群数 240 以下を必要とする(Heath, 1999)。他の場所では,大腸菌群数の最確数(MPN)が1日の最大値として 100 mL 当り 500 未満で,毎月の中央値として 100 mL 当り 23 である。
・Gold Bar 排水処理場の二次処理の放流水は,100 mL 当り大腸菌群数 200 未満である。三次処理の放流水は,大腸菌群数 MPN が 100 mL 当り 2.2 未満である。
・Mt.View 衛生地区は,雨天で,100 mL 当りで大腸菌群数が最大で 230,限定 5 日間の中央値で大腸菌群数 MPN が 100 mL 当り 23 である。

フロリダの State Rule 62-600.400 では,100 mL 当り糞便性大腸菌が年次平均で 200 未満であれば良いとしている。また,100 mL 当り 800 以上を含むサンプルがあってはいけない。マサチューセッツでは,遊泳のための平均の糞便性大腸菌の基準は,100 mL 当り 200 未満である。開放型の魚介類の養殖地域では,100 mL 当りの中央値が 70 未満(10%は,100 mL 当り 230 を上回らない)となっている。

イスラエルでは,農業(そして,関連する応用)において処理された排水の再利用に関しての細菌学的基準が広く認められている(Narkis et al., 1987)。集められたサンプルの 80%をもとに,潅漑については 100 mL 当りの大腸菌群数の限度を次のように定めている。

・料理される野菜,果物,フットボール場,ゴルフコースに使用する場合は 250 未満。
・上記以外の作物の潅漑の場合は 12 未満。
・公共の公園と芝生域(サンプルの 50%で)の潅漑の場合は 3 未満。

この背景には,飲料水を得るための表流水水源の水質に関する EEC Directive 75/440 があり,最低基準に対して以下を推奨している。大腸菌群数 500 000/L;糞便性大腸菌数 200 000/L;糞便性連鎖球菌 100 000/L。AWWA の推奨(AWWA, 1968)は,もっと厳しく,大腸菌群数 200 000/L 未満,糞便性大腸菌数 100 000/L 未満。

必要条件の大部分は,腸内細菌(大部分は大腸菌群)に関係するものである。糞便性大腸菌の計数は,時々追加される試験とみなされる。しかし,耐性について一般的にいわれる限度がないような他のいくつかの試験が考えられる。提案されている試験対象生物は,バクテリオファージ f-2(または MS-2)(Braunstein, 1994)やポリオウイルスで,処理水に注入される(Tree, 1997)。また,*Clostridium perfringens*

5. 排水の衛生のための紫外線の使用

の胞子は，さらに抵抗性の高い微生物(例えば，ウイルス)(Bission and Cabelli, 1980)の指標として考えられている。

未消毒の処理水 100 mL 中の糞便性大腸菌数は，次のとおりである(U.S.EPA)。

一次処理水では $10^6 \sim 10^7$,
二次処理水では $10^4 \sim 10^5$,
三次処理水では $10^3 \sim 10^4$。

図 104 に示したのは，ジョージア州 Gwinnett County にある下水処理場の紫外線消毒装置である。

図 104　ジョージア州 Gwinnett County の下水処理における消毒。4 つの反応器それぞれに 16 本の中圧ランプを設置。1 580 m³/h, T_{10} = 74%

5.2　紫外線による消毒に関する処理水の一般的な特徴

考慮すべき主なパラメータは，紫外線透過率(UVT)と全懸濁物質(TSS)である。UVT については，254 nm の波長が発表論文などにおいて一般的に考慮されている[これは，低圧水銀ランプにあてはまる。適当な補正ファクタを他のランプ技術(例えば，飲料水消毒における以前に議論された 5 nm 刻みヒストグラムによる方法)の場合にあてはめる]。UVT は，1 cm の光路長にて表され，$\log_{10}$ の Beer-Lambert の法則に関連している(時には明確に定義されていないこともある)。

二次処理の未ろ過放流水の UVT は，35 ～ 82 %(平均 60 %)の範囲にあると報告されている(Lodge et al., 1994)。他の文献からは 58 ～ 89 % の範囲が報告されており，平均 72%というのは，多分設計に適している値であろう(Appleton et al., 1994)。69.5 %(現場で確立された値)という値を扱うことは，E = 0.4/cm の吸光係数，そして A = 0.15/cm の吸光度を意味し，これは一般的にまず考慮する近似値である。

懸濁粒子は，紫外線技術の応用においていくつかの効果を発揮する。

・散乱することによる光路の増加(Masschelein et al., 1989)。
・微生物の保護。
・懸濁物質内部への微生物の隠蔽。

未ろ過の都市下水の濁度は，通常，1.5 NTU と 6 NTU の間で変動する。しかし，初期排水においては，突然，急増することも考えられる。ろ過下水では，1～2 NTUの間で変動する。下水において，濁度と懸濁物質の間に一般的な相互関係は存在しない(Rudolph et al., 1994)。

家庭排水中の懸濁物質の瞬間濃度は，通常，600～900 g/m^3 の範囲にある。静置 1 時間後，400～600 g/m^3 の範囲にある(例えば，乱流が起こるブリュッセル地域では最高 1 000 g/m^3 になる)。世界的にみて都市下水は，全汚濁物質で平均 600 g/m^3 であると推定することができる。そのおよそ 2/3 は，1 時間放置による沈降性物質である。残る平均 200 g/m^3 の 2/3 は有機質，1/3 は無機の懸濁物質である。

未処理下水中の懸濁物質は，通常，2 つの分布があり(**図 105**)，ミクロン以下の粒子直径で最大分布を持ち，もう一つは 30～40 μm にある。膜ろ過法(1 μm 孔)を用いても最初の最大値は，実際に不変のままである。それに反して，もう一つの方はそれより除去されるが，完全には除去されない。激しい機械混合(速度勾配 $G \geq$ 1 000/s)または超音波によって最初の大きな粒子サイズ物質(1.5～1.6 μm)は破壊され，部分的に d_p で 0.1～0.2，0.8～0.9，1.4～1.7 μm にピークを持った 3 つの塊の分布を持つようになる。これは，試験所における実験では重要かもしれない。粒子に結びつく大腸菌群について，多くの文献が Parker と Darby(1994)によって広く報告されている。

Geesey と Costerson(1984)のデータによれば，全体的に見て，細菌の 76 % は自由に泳ぎ，24 % は粒子に結びついたものである。また，沈殿物(Roper and Marshall, 1978)に吸着された糞便性細菌は，攻撃(例えば，日光の照射)に対して自由に泳いでいる細菌より抵抗性を持つと報告されている。粒子に結びついた細菌は，大部分が 10 μm より大きい粒子直径の懸濁物質の上で見つけられる(Ridgway and Olson, 1981, 1982)。

吸着された微生物，隠蔽された微生物，はめ込まれた微生物の明確な違いの確認は簡単ではない。Parker と Darby(1994)により報告されている推奨手順は，出版されており，次のとおりである。

・濃度 10^{-6} mol の両性の洗剤(例えば，Zwittergent) でサンプル(排水か調製サンプル)をブレンドする。

・錯体試薬を加え[例えば，エチレンジアミン四酢酸(EDTA)]を加え，3×10^{-3}～12×10^{-3} mol のサンプルをつくる。

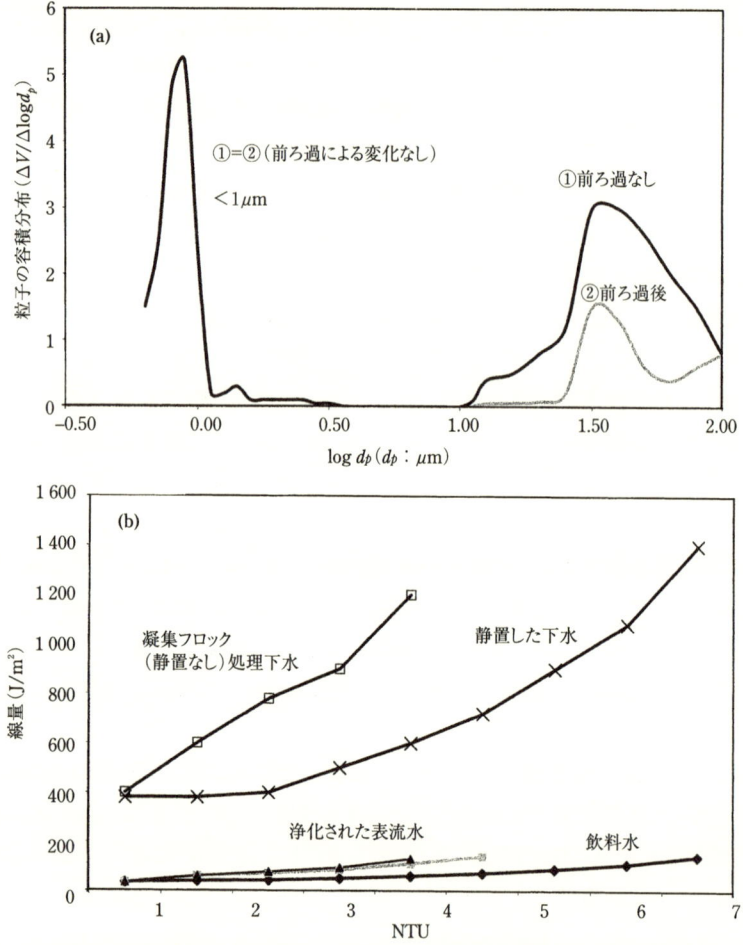

5. 排水の衛生のための紫外線の使用

図 105 (a)二次処理排出水の粒子サイズ分布, (b)必要な照射線量における濁度の影響

- $tris$-ペプトン緩衝液で, それを 0.01%(wt) にする。
- リン酸塩緩衝によって pH 7 に合わせる。
- 5〜17 分間, 19 000 r/min(およそ 320 r/s)で撹拌する[この記述は, 混合状況に対して厳しい速度勾配を定義するにはあまりにも漠然としている。一般的な方法の評価(Masschelein, 1991, 1996)から, 速度勾配は, 5 000/s を超える必要があった]。そのような機械混合の条件で, 大腸菌群数の 4.0〜7.7 倍の明白な増加を観察することができた。これは, サンプリングにおいて十分に撹拌しな

ければ，原水中の計数結果が低い見積となる。

静的条件（すなわち，静的状況における溶液に薬品を加える機械混合以外）で，大腸菌群数の重要かつ明確な増加は，観察されなかった。

5.3 下水の紫外線消毒後の後増殖と光回復

処理された排水中での後増殖と光回復を区別することは難しい。最初の例は，残された損傷を受けていない細菌が栄養を含む媒体である排水の中で育つ。第二の例は，内容を第3章で記述している。

　注：光回復を進行するために実験的な人工の照射を使う研究では，このメカニズムをしばしば光回復と呼んでいる。

一般に流布している仮説では，UV-A光子により光分解でつくられるピリミジン二量体の複合体を光回復酵素が元の単量体に戻すと報告されている(Lindenauer and Darby, 1994；Harm, 1980；Jagger, 1967)。紫外線から可視光線490 nmまでが光回復を進めることができると報告されている。他の解釈では，酵素による修復が暗闇でも可能であると思われる(Whitby et al., 1984)。

大腸菌群，糞便性大腸菌，*Streptococcus faecalis*, *Streptomyces*, *Saccharomyces*, *Aerobacter*, *Micrococcus*, *Erwinia*, *Proteus*, *Penicillium*, *Neurospora*などの多くは，紫外線損傷を受けたDNAの光回復能力を持つことがあるとわかった。他方，ある種の菌体においては，光回復が行われないと報告されている。*Pseudomonas aeruginosa*, *Clostridium perfringens*, *Haemophilus infiuenzae*, *Diplicoccus pneumoniae*, *Bacillus subtilis*, *Micrococcus radiodurans*である。文献は，LindenauerとDarby (1994) により広く検証されている。

光回復の量を定めるいくつかの方法がある。

Kelner(1951)は，光回復の程度を$(N_{pr}-N)/(N_0-N)$によって定義した。UV-Cにより処理された排水中での可能な光回復を評価するために，対数増加近似がしばしば使われる。

$$\log \frac{N_{pr}}{N_0} - \log \frac{N}{N_0} = \log \frac{N_{pr}/N_0}{N/N_0} = \log \frac{N_{pr}}{N}$$

ここで，N：紫外線消毒を耐え抜いた菌体濃度，

5. 排水の衛生のための紫外線の使用

N_0：紫外線消毒の前の菌体濃度，

N_{pr}：光回復の後の菌体濃度。

文献によれば，光回復(対数表現)は，1～3.4の間で変動することが明らかになった。しかしながら，光修復と光回復は，最初のUV-C消毒の線量と関連がある。消毒の紫外線線量が十分に高くないと，光回復はより大きくなる。対数近似では，初期の紫外線消毒線量と光回復の収率との関係は，明白ではない。光回復の程度についてのデータを分析し，それらを表すことにより明白な相互関係が得られる(図106)。

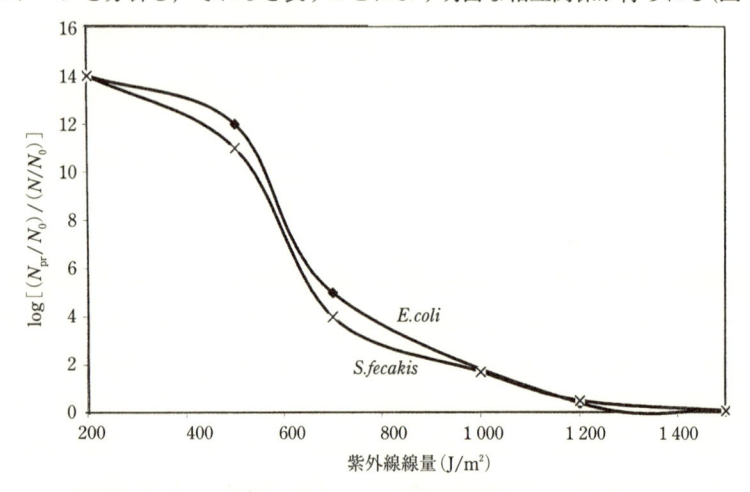

図106 厚さ1 cmで太陽光(総40 W)に1時間曝露後の光回復[Harris et al.(1987)より再計算]

水処理における光修復あるいは光回復を評価するための標準化した試験手続きは報告されていない。排水の1 cm層の上75 cmに置かれた白色光源の使用[例えば，40 Wの可視光源が使われた(Durolight Corp.)]は，LindenauerとDarby(1994)により記述されている。正午12時(カリフォルニアの空)での1時間の日光への曝露と見積もられている。

光修復の現在の結論は，以下のとおりである。

- 紫外線による排水の消毒に対するより慎重な分析では，光修復は，消毒のための紫外線曝露線量に関連する。しかし，いくつかの出版物において，消毒の曝露線量と潜在的な光修復との関係は主張されていない。
- 実際の状況として，懸濁物質に隠蔽された菌体の数として明白な再増殖が見ら

れる。
- 若干の菌体では，他より多く修復することも示されている。
- 硝化後の処理水中の細菌は，未硝化の処理水中の細菌より光修復ができるという徴候が見られる。
- 実際のすべての調査は，DNA上での低圧水銀ランプの効果に関係する。より一般的な細胞の破壊の場合は，強い強度の中圧水銀ランプで多分起こるであろう。また，あまり修復はせず，単にDNAだけに限定されるものではない（また，3.2.3 参照）。

5.4 下水消毒における実用的な紫外線線量

　これまでの実用化報告は，ほとんど低圧水銀ランプについてである。マルチウエーブ中圧ランプの実用化も進行中である。下水の特徴が一定でないので，一般的には，十分なパイロットプラントによる評価を行うことを推奨する。通常，使用される曝露線量は，一般的な二次処理水に対して 1 000 ～ 1 700 J/m^2，硝化後の処理水に対して 3 000 J/m^2 である（Health, 1999；Braunstein, 1994；Te Kippee et al., 1994）。正確な曝露線量は，しばしば一般的に使用できるような方法ではあまり報告されていない。若干の経験主義（または，ノウハウの商業上制限された連絡事項）は，発表された情報の中に残っている。線量を恒久的に管理するとなると，依然として検出器（一般に光電セル）の相対値によっている。そして，それはまた，周期的な較正を必要とする。

　下水の一般的な水質のほかに，必要な線量は，規則に述べられている微生物の要求レベルによって決まり，また，選択する生物の種に依存する。そのうえ，この記述に関しては，通常，処理水中の細菌が高い初期濃度の時だけ線形減衰則があてはまることを思い出す必要がある。図 107(a)，(b) において図示したようにテーリングの現象が見られている。

　実用的な設計モデルが Appleton ら（1994）によって，次のように提案されている。

$$N = (f)D^n$$

ここで，N：細菌濃度，
　　　　D：有効な紫外線線量，

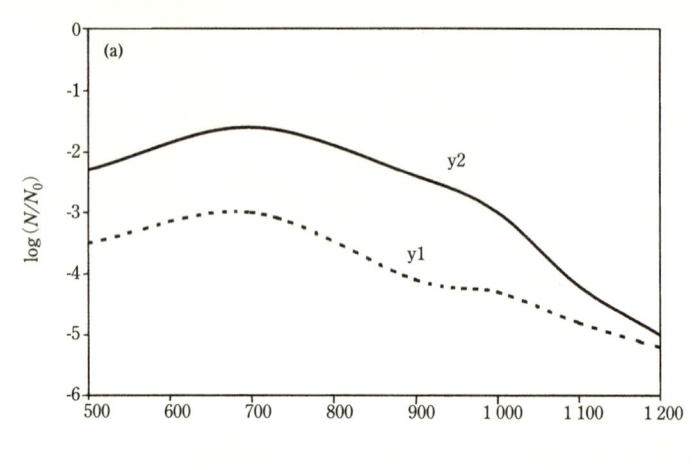

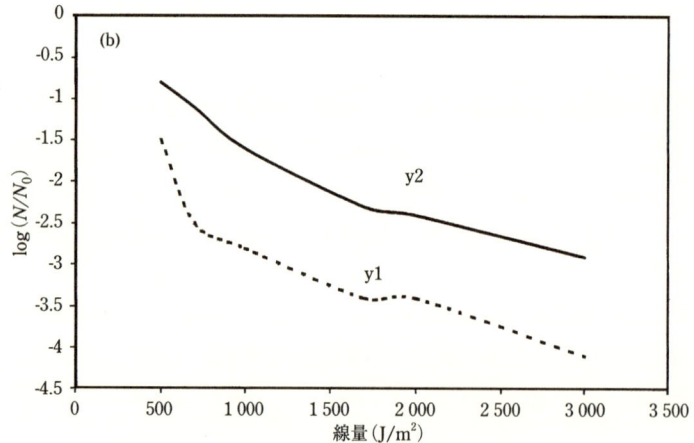

5. 排水の衛生のための紫外線の使用

図 107 紫外線線量の関数としての糞便性大腸菌の減少例（中圧水銀ランプ）(y1: 太陽光に曝露後，紫外線照射，y2: 紫外線照射後，太陽光に曝露)。(a) 未硝化，未ろ過二次処理水，(b) 硝化，未ろ過二次処理水

f, n : 経験的な係数。

線量は、平均の殺菌紫外線強度 (I) × 照射時間 (t) と見積もられる。水質ファクタ f は、$f = A \times (\text{TSS})^a \times (\text{UVT})^b$ による。A, a, b も経験的な係数である。

全体は、モデルの誤差 e を含む実験的モデルに結合される。

$$\log N = \log A + a \log(\text{TSS}) + b \log(\text{UVT}) + n \log I + n \log t + (e)$$

さらに、平均の殺菌紫外線強度は、経験的な二項近似が考慮される。

$$I = -3.7978 + 0.36927(\text{UVT}) - 0.0072942(\text{UVT})^2 + 0.0000631(\text{UVT})^3$$

UVTは，未ろ過処理水の紫外線透過率を表す。このアプローチは，カリフォルニアのDiscovery Bay下水処理場について行われた。それがどんな範囲で一般的な値でありえるかは，まだ完全に確立されるというわけではない。しかし，全部のアプローチは，Nに関する許容限度とTSSとUVTについての歴史的な知見に基づけば，Nとtの値の選択のみでよい。

方法の一般的な構成は報告されたような満足な結果を与える。しかし，モデルの重要なパラメータは，個々の場合に依存したままである。設計における残りの決定要素は，水力学的な状況，守るべき水質基準およびランプ技術，強度と照射時間(Zukovs et al., 1986)，メンテナンス，そして性能管理である。

縦配列モード［すなわち，水流れと同じ方向の水平な長さ(Baron et al., 1999)］，横配列モード［すなわち，ランプ上における水の上下の流れ(Chu-Fei, H.Ho et al., 1994)］でのランプの設置について多くの報告書が発行されている。低圧水銀ランプおいては，これらの選択は，効率をもとに決定したものではないようにみえる。改造する必要のある初期の装置と維持管理のための一般的な設備に関連するパラメータが重要である。

比較される装置におけるの中のMorrillインデックスは，ほぼ同じものであり，既存の反応器で1.15と1.35の間となる(Blatchley et al., 1994)。面比率は，水平ランプ装置の方が垂直のものより一般に高い。面比率 A_R は，以下の関係によって定義される(Soroushian et al., 1994)。

$$A_R = \frac{X}{L} = \frac{X}{4 R_H} = \frac{X \times A_W}{4 V_V}$$

ここで，X：水流れの方向への反応器-接触池の長さ，

L：水流れに対して垂直な紫外線ランプモジュールの断面($L = 4R_H$)，

R_H：水力学的半径($= V_V/A_W$)，

V_V：ランプを含む正味の濡れた体積，

A_W：ランプを含むモジュールの全濡れた横表面積。

低圧水銀ランプ技術による既存のプラントでは，面比率は，一般に15と40の間にある。A_R値が高ければ，栓流の条件に近くなる。既存の池に消毒の紫外線ユニットを設置するためにプラントを改造するような場合は，特に，設計においてこのパラメータを考慮することは重要である。

中圧ランプのような高い紫外線放射強度の技術において，維持管理の設備と簡易な

装置の両方に対して，水流に直交する横配列モードあるいは縦配列モードでのランプの設置が好ましい。混合状況と強度分布パターンは，第3章で示した(図82, 83, 84)。

5.5 排水消毒におけるランプ技術の選択

現在，下水処理において最も多い既存の応用技術は，低圧ランプによるものである．これは，その時代における利用可能技術の歴史的変遷の結果である。ある調査(Kwan, 1994)によれば，中圧ランプの高い放射強度を持つシステムは，設備投資と寿命のコストの両方において従来の低圧ランプによるシステムよりも経済的であり得る (Soroushian, 1994)。中圧ランプを使用しているプラントの数は着実に増加している。現在，下水の消毒へのエキシマランプおよびパルスキセノンランプの使用は，実験的な段階にすぎない［例えば，農業排水の消毒への適用(Hunter et al, 1998)］。

経験則では，下水を150 m^3/h処理する場合，65～80 Wの電力消費量の条件で，低圧ランプを40～60本設置することになる。電気的なコストは，およそ17～32W/m^3になる。技術の進んだいくつかの設備においては，1つのランプで65 W(e)/m^3・hまで上げることができる(Baronet et al., 1999)。この利用に通常用いられる低圧水銀ランプは，1.2～1.5 mの長さを持つものである。

注：低圧水銀ランプは，設計上の放射容量を仮定し，オン-オフの回数だけで操作する。

前述のように，現在，中圧ランプは，設計上の放射容量の60％から100％にモニタで変化させることができる。これは，水流が可変のような場合の処理には魅力的である。

飲料水処理に関しては，ランプが石英囲いの中に設置される。通常，連続的，もしくは光強度の低下を感知して作動するような往復して動くワイパで機械的に洗浄される。

注：排水の場合，それはさらに光電セルをきれいにしておく必要があり，また，時々そのシステムの再検量が必要である。

この機械的な清掃方法は，低圧水銀ランプの場合では複雑になってしまうので，通常，化学薬品が必要となる。一般的な清掃方法としては，いくつかのランプからモジュールごとランプと囲いを取り外し，それらを酸性の溶液に浸す。一般に推奨

される溶液は，重量10％のリン酸溶液である。エアレーションは，効率を上げるのに役立つ。そのほか選択肢としては，10％クエン酸溶液および水スプレを使うものがある。後者に関しては，いくつかの例で失敗したことが報告されている（Chu-Fei,H.Ho et al., 1994）。

洗剤は，洗浄混合液と一緒に使用することができる。そのほかの選択肢としては，酢またはアンモニアがある（Martin, 1994）。すべての例において，洗浄の最後にはきれいな水に浸すか，またはスプレでの洗浄が必要である。光電セルの窓の洗浄は，通常，さらに機械ブラシをかけることが必要である（しかしながら，窓材料に損害を与えないよう柔らかいもので）。窓をきれいにした後，セルの較正が必要である。

5.6　副生成物の毒性と形成

下水の消毒（若干の例外はあるが）に使用される紫外線線量では，潜在的に既存する有害化合物はほとんど除去されない。併用技術については，**第4章**を参照されたい。

低圧ランプ（Awad et al., 1993）と中圧ランプ（Soroushian et al., 1994）の両方においてアルデヒドの生成が観察された。1 000と2 000 J/m^{2}の照射線量においてまとめると，次のようである。

- ppbレベルのクロロホルム，他の塩素系副生成物，2-ヘキサノンのような揮発性化合物および半揮発性化合物（U.S.EPA 8270）は，紫外線照射による影響の証拠はないが，一般的な処理によって除去される。
- ppbレベル以下のカルボン酸（酢酸，ギ酸，シュウ酸，ハロ酢酸）は，紫外線によって変化しない。
- アルデヒド類（ホルムアルデヒド，アセトアルデヒド，グリオキザール，*m*-グリオキザール）は，ppbレベルで生成する可能性がある。
- アルコール類（ブタノール，ペンタノール）は，紫外線処理水中では不検出である。
- ppbレベルのプロパノール，プロパノール置換体[2-(2-hydroxypropoxy)-1-propanol, 1-(2-ethoxypropoxy)-2-propanol, 1-(2-methoxypropoxy)-1-propanol]は，上記の紫外線照射線量では不変のようである。

研究所および現場の両方において行われた紫外線処理水の魚への毒性試験結果では，紫外線処理前の水に対し毒性の増加は見られなかった（Cairns and Conn, 1979；

5. 排水の衛生のための紫外線の使用

Oliver and Carey, 1976；Whitby et al., 1984)。

5.7 紫外線による下水消毒の予備的な結論

① 紫外線技術が従来の下水処理における消毒の代替処理として重要なことは確かである。
② ランプ技術と反応器の設計においては，多くの選択肢が存在する。
③ 下水の変動性を考えると，重要な特性項目(処理水中の，少なくとも細菌数，TSSとUVT，さらに温度，pH，その他)によって設計概念を決める必要がある。
④ 達成目標は，その地域における規則によって変わるものである。したがって，設計の前段階で目標を明確に定義しておく必要がある。
⑤ 可能ならば，特定の到達目標については，パイロット調査を行うことを推奨する。
⑥ 既存の処理場を改造し，いかに紫外線ユニットを設置するかは，文書によって明確化されている。
⑦ 消毒のための従来どおりの線量では，副生成物は考慮する必要はなく，魚類に対する毒性が増加するということは報告されていない。
⑧ 特定の処理水中(第4章参照)における潜在的な既存有毒化合物の除去については，ユースポイントでの評価を必要とするかもしれない。

5.8 例

図 108 に，Indiana 州 Newcastle の排水処理プラントでの紫外線設備を示す。

図108 インディアナ州 Newcastle のプラント(Berson の設計)。$T_{10}=60\%$，1 570 m^3/h。2つのチャンバは，それぞれ 24 本のランプが横並びで取り付けられている。設備は，既存の建物に設置された

6. 一般的な結論

- 最終的な飲料水とその途中にある水は，利用可能な紫外線技術によって消毒することができる。下水の排水処理においても同様である。
- 正確なガイドラインは，設備の設計に適用される。飲料水消毒および下水の排水処理に十分利用できる情報は，幾分経験的ではあるが，単純に経験則だけに基づいたものではない。
- 現在までの知識と経験に基づいた設計に対する適切な規則と性能評価の方法を統合することは可能である。事例ごとの一般的な規則については，本書の **2.6**，**3.10**，**4.5**，**5.7** に示してある。
- 与えられた技術の選択と与えられた紫外線ランプの条件での性能は，紫外線を水処理に用いる際の最も重要な点である。これらは，現在の技術レベル，製品レベルで十分可能である（第2章参照）。
- どのようなランプを選択するかということが紫外線技術を利用する際の最も議論のあるところである。ランプ技術は着実に進展しており，その説明は第2章と第3章において展開してある。
- 反応器の適切な設計は，いろいろな事例における評価を見てもわかるように紫外線の利用を成功に導く要素である。第3章と第5章を参照されたい。
- 全懸濁物質，紫外線の透過，溶存酸素，濁度，鉄イオン含量およびイオンバランスの一般的な水質データは，本書の事例を見てもわかるように紫外線技術の応用に際してきわめて重要である。
- 本書では，紫外線技術の現実的な応用のための原則を現在の技術水準としている。このことについて本書の中で十分に説明している。
- 紫外線技術の応用においては，その費用について議論になる場合があるかもし

6. 一般的な結論

れない。この点については本書では触れていないが，今後，具体的に評価の対象とされなければならない。

あとがき

　原著者マシェラン博士には，初めてのヨーロッパ訪問でお世話になり，長いお付き合いとなった。ベルギーの首都ブリュッセルへ水道水を送る浄水場のオゾン処理プラント建設に携わった人である。ベルギーの小規模な浄水場では，粒状活性炭と紫外線を用いた消毒設備がつくられ，ドイツ，フランスでは，排水の処理にオゾンと紫外線の併用酸化処理が導入されている。その後，マシェラン博士は，国際オゾン協会の第7期会長を務められた。しばらく国際会議でお目にかからなかったら，こんな立派な内容のものを纏めていたのである。

　一昨年，拙著『世界の水道』を国際オゾン協会第3期会長を務められたライス博士に贈呈したところ，オゾンファミリーとして本書日本語版の担当として白羽の矢が立てられた。内容は，化学だけでなく，ランプ，微生物，DNA，タンパク質と幅広く展開されている。専門書を扱う本屋を歩き回り，学生時代に戻った気持で深呼吸をして翻訳の決心をした次第である。気力と体力で翻訳を進め，その途中には，何度かマシェラン博士にファックスや，メールでの問い合わせ，最後にはベルリンのシンポジウム会場の座長席までノートを持っての質問となった。

　本書にも記載されているとおり，1959年当時，我が国でも紫外線消毒についてしっかり纏められていた。しかし，列車の冷水飲料水の消毒，理髪店の櫛や剃刀を入れる消毒箱の中で青白い紫外線ランプが点灯されている程度で，欧米のような大規模な飲料水，排水などを対象とした実稼動プラントはなく，技術情報が途切れてしまっている。

　衛生管理の問題は，水道水の細菌，ウイルスの問題だけではない。昨年初めに中国広東省に端を発したSARSウイルスによる新型肺炎が世界中を恐怖に陥れ，WHOが昨年9月末に感染者数8 098，死亡者数774と発表したことは記憶に新しいところである。また，耐性微生物による院内感染，小規模に各地で繰り返される細菌，ウ

イルスによる食中毒など，生活環境にとって最も重要なテーマである。人間社会の問題に限らず，最近のコイヘルペスウイルスによる鯉の大量死，鳥インフルエンザウイルスの世界規模の拡大など，単に他の生物の問題とは片付けられず，人間社会への重大な脅威をもたらしている。

きれいな淡水を入手し，利用していくことが世界的に困難になってきていることは，昨年の世界水フォーラムでも繰り返し指摘されているところである。農業用水，再利用水，食品用水などを介して肝炎ウイルスが広がった事例もある。現在のグローバル化により世界が短時間につがれ，どこかで環境のバランスが壊れた時に何が起きるのか予測が立てにくい。

水処理に係るエネルギー，ランニングコストを低減するためにも，紫外線ランプの利用は視野に入れるべきものである。人間が生物である以上，そして集団生活をしている以上，細菌，ウイルスによる感染症からは逃げられない。その被害をいくらかでも低減するためにも，消毒方法としての紫外線利用技術を正しく理解しておく必要があると思われる。

2004 年 3 月

海賀　信好

用 語 集

アインシュタイン（単位）Einstein　光子のエネルギー単位。Eで表される。1 molの光子（すなわち，考慮した波長の光子が6.022×10^{23}個）のエネルギーの総量。例えば，253.7 nmで，1 E ＝ 472 kJ ＝ 131 Wh，または1J＝1W·s＝2.12 Eである。

アインシュタインの法則　Einstein law　1つの光子の吸収は，吸収した原子または分子中で1回の光化学的に誘導された変化を促進している。分子内の最初の変化は，1つの光子の吸収の結果である。

エネルギー　energy　仕事をする能力，Jで表される。光子のエネルギーは，$E = h\nu = hc/\lambda$によって与えられる。ここで，h：プランク定数（6.626×10^{-34} J·s），c：光速（2.998×10^{8} m/s）。

吸収係数　absorption coefficient　『ベール-ランバートの法則』参照。

強度　intensity　単位表面当りでの入射，放射束または流動（すなわち，パワー）。単位はW/m^2（これは，放射度と混同しないこと。『放射度』参照）。

グロートゥス-ドレバーの法則　Grothius-Draper law　吸収される放射（光子）だけが光化学的なプロセスを始めることができる。

光子のエネルギー　energy of a photon　『エネルギー』参照。

黒体　black body　与えられた波長での放射量に熱温度移動を関係づける熱力学的平衡の概念である。放射の最大値は，温度が増加するにつれ短波長側に移動する。

スペクトル測定　spectral radiometry　特定の波長または波長域で放出される放射エネルギーの定量測定。

周波数　frequency　Hz［1 s での振動数（/s）］または波数 /λ（/m または /cm）で表す。

線量　dose　単位表面で1 s につき受け取られる放射パワーまたは放射束に一致する。本書中では，J/m^2で示される。さらに文献では，たびたび$mW·s/cm^2$が見られる。化学薬剤による消毒では，doseは，mg/L 表示で用量の用語が使われている。

測光　photometry　人間の目によって知覚される光エネルギーの定量測定。例えば，lux，lumen，candella，phots，その他多くの光特性測定の単位が存在する。紫外線に関しては，これらの単位は使われない。

用 語 集

定数 constants

名称	記号	単位	値
アヴォガドロ(Avogadro)定数	N_A	/mol	6.02×10^{23}
ボルツマン(Boltzmann)定数	k	J/mol·K	1.38×10^{-23}
電気素量	e	C	1.6×10^{-19}
ファラデー(Faraday)定数	F	C/mol	9.65×10^{4}
モル気体定数	R	J/mol·K	8.315
重力(加速度)	g	m/s^2	9.81
ジュール /cal	J		4.184
理想気体のモル体積(常温常圧)	−	m^3/mol	2.2414×10^{-2}
プランク(Planck)定数	h	J·s	6.626×10^{-34}
	$h/2\pi$	J·s	1.055×10^{-34}
音速(常温常圧)	Cs	m/s	331.45
絶対温度	K	−	−
光速	c	m/s	2.998×10^{8}(真空)

長さ length 　mまたはcm。波長は，通常，nmあるいはμmで表す。文献では，まだSI単位と一致してないものが使用されていることがある。μmと同等のμ，nmと同等のmμ，そして10^{-9}mに等しいÅなど。

波長 wavelength 　『長さ』参照。

プランク定数 Planck constant 　h。$E = h\nu$。光の周波数と光子のエネルギーとの間の比例定数。『定数』参照。

プランクの理論 Planck's theory 　電磁気の放射は，$h\nu$(『プランク定数』参照)として各光子のエネルギーによって量を定められる不連続な量(または光子)からなる。

ベール-ランバートの法則 Beer-Lambert law 　均一物質による単色波長の吸収量は，入射光(I_0)と透過光(I)との間に$I = I_0 \times 10^{-ACd}$の関係がある。ここで，A：吸収係数(absorption coefficient)，C：吸収する物質濃度，d：光路長(一般にcm)。Aの単位は，L/mol·cm，あるいは未確定の化合物もしくは混合物の場合は，L/cm(液体)のどちらかである。代わりに，ベール-ランバートの法則は，自然対数$\log(\ln)$で$I = I_0 e^{-ECd}$で表示される。ここで，E：吸光係数(extinction coefficient)L/mol·cmである。しかし，重要な点は，文献で表示されるデータは，常用対数$\log_{10}$ベースあるいは自然対数$\ln$ベース(対数)である。

日本では，ランバート-ベールの法則といわれる。なお，I/I_0 を透過率，$\log_{10}(I_0/I) = ACd$ を吸光度と呼ぶ。この吸光度は，従来より absorbance, extinction, absorbancy（吸収性），optical density（光学密度，光学濃度），吸光度と同意語で，まちまちに用いられている。absorptivity（吸光係数）も含め，ここでは原文に従って表示した。正しくは，単位に注意すればよい。

ブンゼン-ロスコーの法則 Bunsen-Roscoe law 吸収線量に比例した反応率（法則は，一般に飲料水の消毒に適用される。光化学的な過程で，副効果は考慮されなければならない）。

放射エネルギー radiant energy 照射時間によって積算される放射パワー。W・s または J。

放射強度 radiant intensity 単位立体角当りの光源によって放出される放射束（パワー）。W/sr。

放射測定 radiometry 光源によって放出される全放射エネルギーの定量測定。

放射度 irradiance 『強度』参照。注意：強度と放射度は，水処理の文献において不明瞭に見つけられる。放射照度は，波長，放出光源，光源からの距離に関係している非特異性の概念である。強度（より一般的な照射状況には役立たない）は，より特に波長に関係したもので，そして，より独立した（特定）の光源・受容体を含む（すなわち，一般的な放射度でなくて DNA の特定の部分）。

放射パワー，放射束 radiant power or radiant flux 光源によって放出されるパワー。W または J/s。

訳者注：電磁波の区分と名称について

　エネルギーの移動過程である電磁波は，光子のエネルギーまたは波長によって区分される。

　光子のエネルギーが大きく波長の短い領域は，波動としての性質よりも移動する粒子としての性質が強く現れる。そのため，波長の短い領域では，X線，γ線などのように線（ray）という集合区分名を用いて表現される。

　一方，光子のエネルギーが小さく波長の長い領域は，粒子としての性質が薄れ，波動としての性質が強く現れる。そのため，マイクロ波，電波などのように波（wave）という集合区分を用いて表現される。

　20世紀初めには，電磁波の集合区分は，この線（ray）と波（wave）の2種類であったが，その後の量子力学の発展に伴い，電磁波の特性上，線と波の境界領域付近を別の名称として区分する方が良いとの説が有力となり，1 nm～1 mmの波長領域は放射（radiation）と呼称されるようになっている。英語，フランス語，ドイツ語などでは，この理由から，ultraviolet radiation（紫外放射），visible radiation（可視放射），infrared radiation（赤外放射）が使用されている。したがって，日本語の紫外線の英訳は，ultraviolet ray ではなく ultraviolet radiation となる。

参考文献

Acero, J.L. and von Gunten, U., in Proc. IOA-EA3G Symposium, Poitiers, France, International Ozone Association, Paris, France, 1998.

Aicher, J.O. and Lemmers, E., *Illum. Eng.*, 52, 579, 1957.

Akkad, F., Pape, E., and Weigand, F., *IHLE Berichte,* Düsseldorf, Germany, 1986.

Aklag, M.S., Schumann, H.P., and von Sonntag, Cl., *Environ. Sci. Technol.*, 24, 379, 1990.

Al Ekabi, H., *AOTs,* Science and Technology Integration, University of Western Ontario Research Park, London, Ontario, Canada, 1994.

Allen, A.O., *J. Phys. Colloidal Chem.*, 52, 479, 1948.

Anon., *Eng. News,* 66, 686, 1911.

Anon., Sterilization of polluted water by ultra-violet rays at Marseille (France), *Eng. News,* 64, 633, 1910.

Appleton, A.R. et al., communication, Montgomery Watson Engineers, Walnut Creek, CA, 1994.

AQUA—J. Water Supply, 16(2), 1992.

ATV, St. Augustin, (now Hennef, Germany), 1993.

Awad, J., Gerba, C., and Magnuson, G., in Proc. WEF Speciality Conference, Whippany NJ, Water Environment Federation, Alexandria, VA, 1993.

AWWA, *J. Am. Water Works Assoc.*, 60, 1317, 1968.

(Austria) Österreichisches Normungsinstitut (Austrian Standard Institute), Vienna, Austria, ÖNORM M 5873 (1996); ÖNORM M 5873-1, ed., 2001-03-01, 2001.

AWWA, Recommendations for raw water quality, *J. Am. Water Works Assoc.*, 60, 1317, 1968.

Bandemer, Th. and Thiemann, W., in Proc. IOA Symposium, Amsterdam, the Netherlands, International Ozone Association, Paris, France, 1986, p. C.4.1.

Barich, J.T. and Zeff, J.D., in Proc. 83rd Annual Meeting and Exhibition of Air & Water Management Association, Vol. 2, AWMA, Pittsburgh, PA, 1990, p. 90–245.

Baron, J. et al., *Technol. Sci. Méthodes-AGHTM,* 1999.

Baxendale, J. and Wilson, J., *Trans. Faraday Soc.*, 53, 344, 1957.

Bayliss, S. and Bucat, R., *Aust. J. Chem.*, 28, 1865, 1975.

Becker, H.G.O., *Einführung in die Photochemie,* 2nd ed., George Thieme Verlag, Stuttgart, Germany, 1983.

Benitez, F.J., Beltrán-Heredia, J., and Gonzalez, T., *Ozone: Sci. Eng.*, 16, 213, 1994.

Bernardin, F.E., in Proc. 84th Annual Meeting and Exhibition of the Air and Water Management Association, Vancouver, BC, Canada; as cited in Air and Water Management Association, Pittsburgh, PA, 1991, pp. 11, 91-24-1.

Bernardt, H. et al., in Proc. IOA Conference, Amsterdam, the Netherlands, 1986, International Ozone Association, Paris, France, 1986, p. 85; see also Masschelein, W.J., 1986.

Bernhardt, H. et al., *Wasser-Abwasser,* 133, 632, 1992.

Beyerle-Pfnür et al., *Toxicol. Environ. Chem.*, 20–21, 129, 1989.

参考文献

Bischof, H.M.A. thesis, Technical University of Munich, Germany, 1994.
Bission, J.W. and Cabelli, V.W., *J. Water Pollut. Control Fed.,* 52, 241, 1980.
Blatchley, E.R. and Xie, Y., *Water Environ. Res.,* 67, 475, 1995.
Blatchley, E.R. et al., communication, School of Civil Engineering, Environmental and Hydrological Engineering, Purdue University, West Lafayette, IN, 1994.
Blomberg, J., Ericksson, U., and Nordwall, I., UV Disinfection and Formation of Chlorinated By-Products in Presence of Chloramines, in Proc. Intil. Conf. on Applications of Ozone and also on UV and Related Ozone Technologies (in Conjunction with IUVA) at Wasser Berlin 2000, International Ozone Association, Paris, France, 2000, pp. 329–344.
Bolton, J.R., *Eur. Photochem. Assoc. Newsl.,* 43, 40, 1991.
Bors, W. et al., *Photochem. Photobiol.,* 28, 629, 1978.
Bossuroy A. and Masschelein, W.J., unpublished observations, 1987.
Bott, W., *Zentralbl. Bakteriol. Hyg. Abt. Orig. B,* 178, 263, 1983.
Bourgine, F.P. and Chapman, J.E., in Proc. IOA Conference, Amsterdam, the Netherlands, 1986, International Ozone Association, Paris, France, 1996, p. II.a; see also Masschelein, W.J., (1996a,b).
Braun, A., Maurette, M.-Th., and Oliveros, E., Technologie Photochimique, Ed. Presses Polytechniques Romandes Diffusion par Lavoisier Technique et Documentation, Paris, France, 1986.
Braunstein, J.F. et al., *WEF, Digest,* 1994, p. 335.
Bruce, J., *Gen. Physiol.,* 41, 693, 1958.
Buck, R.P., *Anal. Chem.,* 26, 1240, 1954.
Bukhari, Z., Hargy, T.M., Bolton, J.R., Dussert, B., and Clancy, J.L., Medium-pressure UV light for oocyst inactivation, *J. Am. Water Works Assoc,* 91(3), 86–94, 1999.
Cabaj, A., Sommer, R., and Haider, Th., in Proc. IOA Conference Wasser Berlin—2000, International Ozone Association, Paris, France, 2000, pp. 297–311.
Cairns, V.W. and Conn, K., Canada-Ontario Agreement of Great Lakes Water Quality, Research report 92, 1979.
Calvert, J.G. and Pitts, J.N., *Photochemistry,* John Wiley & Sons, New York, 1966.
Carey, J.H., Lawrence, J., and Tosine, H.M., *Bull. Environ. Toxicol.,* 16, 697, 1976.
Carnimeo, D. et al., *Water Sci. Technol.,* 30, 125, 1994.
Carter, S.R. et al., U.S. Patent 5, 043, 080, 1991.
Castrantas, H.M. and Gibilisco, R.D., *ACS Symp. Ser.,* 422, 77, 1990.
Cayless, M.A., *Br. J. Appl. Phys.,* 11, 492, 1960.
Chameides, W.L. and Walker, J.G.C., *J. Geophys. Res.,* 32, 89, 1997.
Chu-Fei, H. Ho, et al., communication environmental engineering, San Francisco, CA, 1994.
Clancy, J.L., Bukhari, Z., Hargy, T.M., Bolton, J.R., Dussert, B., and Marshall, M.M., Using UV to inactivate *Cryptosporidium, J. Am. Water Works Assoc.,* 92(9), 97–104, 2000.
Clancy, J.L. and Hargy, T.M., Ultraviolet light inactivation of *Cryptosporidium, Chem. Technol.,* July–Aug., 5–7, 2001.
Clancy, J.L., Hargy, T.M., Marshall, M.M., and Dyksen, J.E., UV light inactivation of *Cryptosporidium* oocysts, *J. Am. Water Works Assoc.,* 90(9), 92–102, 1998.
Clemence, W., UV at Marseille, *Engineering,* 91, 106, 142, 1911.

参考文献

Cortelyou, J.R. et al., *Appl. Microbiol.*, 2, 227, 1954.
Denis, M., Minon, G., and Masschelein, W.J., *Ozone: Sci. Eng.*, 14, 215, 1992.
Deutschland: Vorschriften für Klassification und Bau von Strählern; Seeschiffe, Band II, Kap. (Aug. 1973).
DIN (German Normalization Institute), Standard 5031-10, 1996.
Dodin, A. et al., *Bull. Acad. Nat. Médecine (France)*, 155, 44, 1971.
Dohan, J.M. and Masschelein, W.J., *Ozone: Sci. Eng.*, 9, 315, 1987.
Downes, A. and Blunt, T.P., *Proc. R. Soc.*, 26, 488, 1877.
Dulin, D., Drossman, H., and Mill, T., *Environ. Sci. Technol.*, 20, 20, 1986.
Dussert, B.W., Bircher, K.G., and Stevens, R.D., in Proc. IOA Conference, Amsterdam, the Netherlands, 1996, International Ozone Association, Paris, France, 1996, p. I.IV.a.
DVGW Arbeitsblatt, 1997, W-29-4.
Dwyer, R.J. and Oldenburg, O., *J. Chem. Phys.*, 12, 351, 1944.
Eaton, A., *J. Am. Water Works Assoc.*, 87, 86, 1995.
Egberts, G., in Proc. IOA Conference Wasser Berlin—1989, International Ozone Association, Paris, France, 1989, pp. II-1–10.
Eliasson, B. and Kogelschatz, U., in Proc. IOA Conference Wasser Berlin—1989, International Ozone Association, Paris, France, 1989, p. IV-6-4.
Elenbaas, W., *The High Pressure Mercury Discharge*, North-Holland, Amsterdam, 1951.
Ellis, C. and Wells, A.A., *The Chemical Action of Ultraviolet Rays*, Reinhold, New York, 1941.
EPRI, Electric Power Research Institute, Ultraviolet Light for Water and Wastewater, 1995.
Fair, G.M., *J. Am. Water Works Assoc.*, 7, 325, 1920.
Fassler, D. and Mehl, L., *Wiss. Z. Univ. Jena; Naturwiss. Reihe*, 20, 137, 1971.
FIGAWA, Technische Mitteilungen, Cologne, Germany, 1987.
Finch, G. and Belosevic, M., communication at U.S. EPA Workshop on NV for Potable Water Applications, Arlington, VA, April 28–29, 1999.
Fletcher, D.B., *WaterWorld News*, 3, May–June, 1987.
Francis, P.D., in Proc. IOA Conference, Amsterdam, the Netherlands, 1986, International Ozone Association, Paris, France, 1986, pp. C.3.1–17.
Francis, P.D., Electricity Council Centre, Chester, U.K., 1988, report M 2058.
Frischerz, H., et al., *Water Supply*, 4, 167, 1986.
Geesey, G.G. and Costerson, J.W., *Can. J. Microbiol.*, 25, 1058, 1984.
Gellert, B. and Kogelschatz, U., *Appl. Phys. B*, 12, 14, 1991.
Gelzhäuser, P., *Disinfection von Trinkwasser durch UV-Bestrahlung*, Expert Verlag Ehningen, Ehningen, Germany, 1985.
Germany: Seeschiffen, Vol. 2, Chap. 4, 1973.
Germany: Bayrisches Landesamt für Wasserwirtschaft, 1.-7.3, 1982.
Glaze, W.H., An overview of advanced oxidation processes: current status and kinetic models, in *Chemical Oxidation, Technologies for the Nineties*, Vol. 3, Technomic Press, Lancaster, PA, 1994, pp. 1–11.
Glaze, W.H. and Kang, J.W., in Proc. Symposium on Advanced Oxidation Processes and Treatment of Contaminated Water and Air, Burlington, Ontario, Canada, 1990.

参考文献

Glaze, W.H., Kang, J.W., and Chapin, D.H., *Ozone: Sci. Eng.*, 9, 335, 1987.
Goldstein, E., *Chem. Ber.*, 36, 3042, 1903.
Groocock, N.H., *J. Inst. Water Eng. Scientists*, 38, 163, 1984.
Guillerme, J., Collection Que Sais-Je, Presses Universitaires de France, 1974.
Guittonneau, S. et al., *Environ. Technol. Lett.*, 9, 1115, 1998.
Guittonneau, S. et al., *Ozone: Sci. Eng.*, 12, 73, 1990.
Guittonneau, S. et al., *Rev. Fr. Sci. Eau*, 1, 35, 1988.
Gurol, M.D. and Vastistas, R., *Water Res.*, 21, 895, 1987.
Haas, C.N. et al., U.S. EPA Design Manual, U.S. EPA Report No. 625/1-86/021, 1986.
Hargy, T.M., Clancy, J.L., Bukhari, Z., and Marshall, M.M., Shedding UV light on the Cryptosporidium threat, *J. Environ. Health*, July–Aug. 19–22, 2000.
Harm, W., *Biological Effects of Ultraviolet Radiation*, Cambridge University Press, Cambridge, U.K., 1980.
Harris, G.D., *Water Res.*, 21, 687, 1987.
Harris, L. and Kaminsky, J., *J. Am. Chem. Soc.*, 57, 1154, 1935.
Hashem, T.M. et al., in Proc. IOA Conference, Amsterdam, the Netherlands, 1986, International Ozone Association, Paris, France, 1996, pp. II.V.A.
Hatchard, G.C. and Parker, C.A., *Proc. R. Soc. A*, 235, 518, 1956.
Hautniemi, M. et al., *Ozone: Sci. Eng.*, 20, 259, 1997.
Havelaar, A.H. and Hogeboom, W.M., *J. Appl. Bacteriol.*, 56, 439, 1984.
Havelaar, A.H. et al., Chapter D-3; see also Masschelein, W. J., IOA Conference, Amsterdam, 1986, International Ozone Association, Paris, France, 1986.
Heath, M.S., private communication, Montgomery-Watson Engineers, at EPA Meeting on UV for Potable Water Applications, Arlington, VA, April 1999.
Himebaugh, W.S. and Zeff, J.D., in *Proc. Annu. Meet. Air Waste Manage. Assoc.*, 11, 91/24.3, 1991.
Ho, P.C., *Environ. Sci. Technol.*, 20, 260, 1986.
Hoigné, J. and Bader, H., *Vom Wasser*, 48, 283, 9, 1977.
Hoigné, J., *Handbook of Environmental Chemistry*, Vol. Part C, Springer-Verlag, Heidelberg, Germany, 1998, p. 83.
Hölzli, J.P., private communication, Hölzli Gesellschaft, Seewalchen, Austria, 1992.
Huff, C.B. et al., *Public Health Rep.*, 337, 1965.
Hunter, G.L. et al., *Water Environ. Technol.*, 41, 1998.
IUVA, International Ultraviolet Association, Proc. First Intl. Congress on UV Technologies, Washington, D.C., June 14–16, 2001.
Jackson, G.F., *Eur. Water Pollut. Control*, 18, 1994.
Jacob, S.M. and Dranoff, J.S., *J. Am. Inst. Chem. Eng.*, 16, 359, 1970.
Jagger, J., *Introduction to Research in Ultraviolet Photobiology*, Prentice Hall, New York, 1967.
Jepson, J.D., *Proc. Water Treat. Eng.*, 175, 1973.
J. Water Supply—AQUA, 16(2), 1992.
Kalisvaart, B.F., Microbiological Effects of Berson Multiwave UV Lamps, Berson UV Techniek, Neunen, the Netherlands, 1999.

参考文献

Kalisvaart, B.F., Berson Document: Photoelectrical Effects of Berson Multiwave Lamps to prevent Microbial Recovery, Berson UV Techniek, Neunen, the Netherlands, 2000.

Kalisvaart, B.F., Berson Company, private communication, 2001.

Kawabata, T. and Harada, T., *J. Illum. Soc.*, 36, 89, 1959.

Kelner, A., *J. Gen. Physiol.*, 34, 835, 1951.

Kiefer, J., *Ultraviolette Strahlen*, Ed., Walter de Gruyter, Berlin, Germany, 1977.

Köppke, K.E. and von Hagel, G., *Wasser-Abwasser*, 132, 1990; 313, 1991.

Kornfeld, G., *Z. Phys. Chem. B*, 29, 205, 1935.

Kraljic, I. and Moshnsi, S. El., *Photochem. Photobiol.*, 28, 577, 1978.

Kruithof, J.C. et al., in Proc. IOA Conference, Amsterdam, the Netherlands, 1996, International Ozone Association, Paris, France, 1996, pp. IV.V.a., see also Masschelein, W.J., 1996.

Kruithof, J.C. and Kamp, P.C., in Proc. IOA Conference Wasser Berlin—2000, International Ozone Association, Paris, France, 2000, pp. 437–464, 631–660.

Ku, Y. and Hu, S.C., *Environ. Prog.*, 9, 218, 1990.

Kwan, A. et al., communication, CH2M HILL Engineering, Calgary, Alberta, Canada, 1994.

Laforge, P., Fransolet, G., and Masschelein, W.J., *Rev. Fr. Sci. Eau*, 1, 255, 1982.

Lafrenz, R.A., Workshop U.S. EPA, Arlington, VA, Apr. 28–29, 1999.

Lafrey, (copy at), EPA meeting on UV for Potable Water Applications, Arlington, VA, April 1999.

Legan, R.W., *Chem. Eng.*, 25, 95, 1982.

Legrini, O., Oliveros, E., and Braun, A.M., *Chem. Rev.*, 93, 671, 1993.

Leighton, W.G. and Forbes, G.S., *J. Am. Chem. Soc.*, 52, 3139, 1930.

Leitzke, O. and Friedrich, M., in Proc. IOA Conference Moscow, Russia, 1998, International Ozone Association, Paris, France, 1996, p. 567.

Leitzke, O., in Proceedings of IOA Conference at Wasser Berlin—1993, (Paris, France: International Ozone Association, 1993, p. IV.6.1; see also Brtko-Juray, and O. Leitzke, in Proc. IOA Conference at Wasser Berlin—1993, International Ozone Association, Paris, France, 1993, p. III.1.1.

Lenard, P., *Ann. Phys. (Leipzig)*, 1, 486, 1900.

Leuker, G. and Dittmar, A., BBR. Germany, 54, 1992.

Leuker, G. and Hingst, V., *Zentralbl. Hyg.*, 193, 237, 1992.

Linden, K.G., Workshop U.S. EPA, Arlington, VA, April 28–29, 1999.

Linden, K.G. and Darby, J.L., *J. Environ. Eng.*, 123, 1142, 1997.

Lindenauer, K.G. and Darby, J.L., *Water Res.*, 28, 805, 1994.

Lipczynska-Kochany, E. and Bolton, J.R., *Environ. Sci. Technol.*, 26, 259, 1992.

Lipczynska-Kochany, E., Degradation of aromatic pollutants by means of the advanced oxidation processes in a homogeneous phase: photolysis in the presence of hydrogen peroxide versus the fenton reaction, in *Chemical Oxidation, Technologies for the Nineties*, Vol. 3, Technomic Press, Lancaster, PA, 1994, pp. 12–27.

Lissi, E. and Heicklen, J., *J. Photochem*, 1, 39, 1973.

Lodge, F.J., reported in *WEF Digest*, p. 437, 1994.

参考文献

Lowke, J.J. and Zollweg, R.H., *J. Illum. Eng. Soc.*, 4, 253; *J. Appl. Phys.*, 46, 650, 1975.
Maier, A. et al., *Water Sci. Technol.*, 31, 141, 1995.
Malley, J., personal communication, University of New Hampshire, Durham, NH, 1999.
Mark, G. et al., *Aqua*, 39, 309, 1990; *J. Photochem. Photobiol. A—Chem.*, 55, 1990.
Martin, J.S., reported in *WEF Digest*, p. 461, 1994.
Martiny, H. et al., *Zentralbl. Bakteriol.*, 185, 350, 1988.
Masschelein, W., *TSM Eau*, 61, 95, 1966.
Masschelein, W.J., *TSM Eau*, 77, 177, 1977.
Masschelein, W.J., Coordinated Proceedings of IOA Conferences, Amsterdam, International Ozone Association, Paris, France, 1986 and 1996.
Masschelein, W.J., *Unit Processes in Drinking Water Treatment*, Marcel Dekker, New York, 1992.
Masschelein, W.J., in Proc. CEFIC Symposium, Rome, Italy, 1996a, p. 153.
Masschelein, W.J., *Processus Unitaires dans le Traitement de l'Eau Potable*, CEBEDOC, Liège, Belgium, 1996b.
Masschelein, W.J., in Proc. 14th Ozone World Congress, Dearborn, MI, International Ozone Association, Pan American Group, Norwalk, CT, 1999.
Masschelein, W.J., *Wasser*, in Proc. IOA Conference, Berlin, 2000, International Ozone Association, Paris, France.
Masschelein, W.J., Debacker, E., and Chebak, S., *Rev. Fr. Sci. Eau*, 2, 29, 1989.
Masschelein, W.J., Fransolet, G., and Debacker, E., *Eau Québec*, 13, 289; 14, 41, 1981.
Masten, S.J. and Butler, J.N., *Ozone: Sci. Eng.*, 8(4), 339–353, 1986.
Mathews, R.W., *J. Chem. Soc. Faraday Trans.*, 85, 1291, 1989.
Mazoit, L.P. et al., *Trib. Cebedeau*, 344, 21, 1975.
McGregor, F.R., in Proc. IOA Conference, Amsterdam, the Netherlands, 1986, International Ozone Association, Paris, France, 1986, p. B.5.1.
Mechsner, K.I. and Fleischmann, Th., *GWA*, 72, 807, 1992.
Meulemans, C.C.E., in Proc. IOA Conference, Amsterdam, the Netherlands, 1986, International Ozone Association, Paris, France, 1986, chap. B-1; see also Masschelein, W.J., 1986.
Milano, J.C., Bernat-Escallien, C., and Vernet, J.L., *Water Res.*, 24, 557, 1990.
Murov, S.L., Transmission of light filters, in *Handbook of Photochemistry*, Marcel Dekker, New York, 1973, pp. 97–103.
Narkis, N. et al. in *Water Chlorination*, Vol. 6, Jolley, R.L., Ed., Lewis Publishers, Chelsea, MI, 1987, chap. 73.
Nicole, I. et al., *Environ. Technol.*, 12, 21, 1991.
NWRI, *Ultraviolet Disinfection Guidelines for Drinking Water and Water Reuse*, National Water Research Institute, Fountain Valley, CA, Dec. 2000.
Okatomo, K. et al., *Bull. Chem. Soc. Jpn.*, 58, 2015; 2023, 1985.
Oliver, B.G. and Carey, J.H., *J. Water Pollut. Control Fed.*, 48, 2619, 1976
Österreichisches Normungsinstitut (Austrian Standards Institute, Vienna, Austria), ÖNORM M 5873, 1996; ÖNORM M 5873-1, ed. 2001-03-01, 2001.
Paillard, H., thèse, Université de Poitiers, Poitiers, France, 1996.

Parker, J.A. and Darby, J.L., reported in *WEF Digest*, p. 469, 1994.
Pellizetti, E. et al., *Chim. Ind.*, 67, 623, 1985.
Perkins, R.G. and Welch, H., *J. Am. Water Works Assoc.*, 22, 959, 1930.
Peterson, D., Watson, D., and Winterlin, W., *Bull. Environ. Contam. Toxicol.*, 44, 744, 1990.
Pettinger, K.H., Entwicklung und Untersuchung eines Verfahrens zum Atrazineabbau in Trinkwasser mittels UV-aktiviertem Wasserstoffperoxid, thesis, Technical University of Munich, Germany, 1992.
Peyton, G.R., Oxidative treatment methods for removal of organic compounds from drinking water supplies, in *Significance and Treatment of Volatile Organic Compounds in Water Supplies*, Lewis Publishers, Chelsea, MI, 1990, pp. 313–362.
Peyton, G.R. and Gee, C.S., in *Advances in Chemistry Series 219*, American Chemical Society, Washington, D.C., 1989, p. 639.
Peyton, G.R. and Glaze, W.H., *Environ. Sci. Technol.*, 22, 761, 1988.
Peyton, G.R. and Glaze, W.H., Photochemistry of environmental systems, in *Advances in Chemistry Series 327*, American Chemical Society, Washington, D.C., 1986, p. 76.
Phillips, R., *Sources and Applications of Ultraviolet Radiation*, Academic Press, 1983.
Prado, J. et al., *Ozone: Sci. Eng.*, 16, 235, 1994.
Prat, C., Vincente, M., and Esplugas, S., *Ind. Eng. Chem. Res. Ser.*, 29, 349, 1990.
Qualls, R.G. and Johnson, J.D., *Appl. Environ. Microbiol.*, 45, 872, 1983.
Rabinowitch, E., *Photosynthesis*, Interscience, New York, 1945.
Rahn, R.O., *Photochem. Photobiol.*, 66, 450, 1997.
Ridgway, H.F. and Olson, B.H., *Appl. Environ. Microbiol.*, 41, 274, 1981; 44, 972, 1982.
Roper, M.M. and Marshall, K.C., *Microbial Ecol.*, 4, 279, 1978.
Rudolph, K.U., Böttcher, J., and Nelle, Th., *GWF; Wasser-Abwasser*, 135, 529, 1994.
Sadoski, T.T. and Roche, W.J., *J. Illum. Eng. Soc.*, 5, 143, 1976.
Schäfer, J., British Patent 1,552,334, 1979.
Scheible, O.K., Casey, M.C., and Fondran, A., NITS Publication 86-145182, National Technical Information Service, Springfield, VA, 1985.
Schöller, F. and Ollram, F., Water Supply, Special Session 19, 1989, p. 13.
Schumb, W. and Satterfield, C., *Hydrogen Peroxide*, Reinhold, New York, 1955.
Severin, B.F. et al., *J. Water Pollut. Control Fed.*, 56, 164; 881, 1984.
Sharpatyi, V. and Kraljic, I., *Photochem. Photobiol.*, 28, 587, 1978.
Shi, H., Wang, Z., and Zhang, C., in Proc. IOA Symposium, Amsterdam, International Ozone Association, Paris, France, 1986, p. C.1.1–10.
Shuali, U. et al., *J. Phys. Chem.*, 73, 3445, 1969.
Sierka, R.A. and Amy, G.L., *Ozone: Sci. Eng.*, 7, 47, 1985.
Simmons, M.S. and Zepp, G.R., *Water Res.*, 20, 899, 1986.
Smith, A.T., *Eng. News Rec.*, 79, 1021, 1917.
Smithells, C.J., *Metals Reference Book*, 5th ed., Butterworths, London, 1976.
Sommer, R. et al., *Water Sci. Technol.*, 35(11/12), 113, 1997.
Soroushian, F. et al., communications, CH2M HILL, Santa Ana, CA, 1994.
South African General and Special Standards, Act 96 of 18 May 1984, 9225—Regulation 991.
Spencer, R.R., *J. Am. Water Works Assoc.*, 4, 172, 1917.

参考文献

Staehelin, J., and Hoigné, J., *Environ. Sci. Technol.*, 19, 1206, 1985.
Stryer, L., *Biochemistry*, W.H. Freeman, San Francisco, CA, 1975.
Sugawura, T., Funayama, H., and Nakano, K., presentation at Am. Inst. Chem. Engrs. Symposium on Photochemical Reaction Engineering, Institute of Chemical Engineers, New York, NY, 1984.
Sundstrom, D.W. and Klei, H.E., NTIS Publ. Nr. PB 87-149357, National Technical Information Service, Springfield, VA, 1986.
Sundstrom, D.W. et al., *Hazard Waste—Hazard Mater.*, 3, 101, 1986.
Sundstrom, D.W., Weir, B.A., and Reding, K.A., in *ACS Symp. Ser.*, 422, 67, 1989.
Symons, J.M., Prengle, H.W., and Belhateche, D., in Proc. Am. Water Works Assoc. Conf., 422, part 1, p. 67; part 2, p. 895, 1989.
Takahashi, N., Ozonation of several organic compounds having low molecular weight under ultraviolet irradiation, *Ozone: Sci. Eng.*, 12(1), 1–17, 1990.
Taube, H. and Bray, W.H., *J. Am. Chem. Soc.*, 62, 3357, 1940.
Te Kippe, T. et al., reported in *WEF Digest*, p. 511, 1994.
Thampi, M.V. and Sorber, C.A., *Water Res.*, 21, 765, 1987.
Torota, *Microbiology; An Introduction*, 5th ed., Benjamin Cummings, Menlo Park, CA, 1995.
Toy, M.S., Carter, M.K., and Pasell, T.O., *Environ. Sci. Technol.*, 11, 837, 1990.
Trapido, M. et al., *Ozone: Sci. Eng.*, 19, 75, 1997.
Tree, J.A., Adams, R.R., and Lees, D.N., *Water Sci. Technol.*, 35, 227, 1997.
United Kingdom, Regulation 29(6) of the Merchant Shipping Regulations of the Marine Surveyors of the Department of Trade, 1973.
United States, *Handbook on Sanitation of Vessel Construction*, U.S. Government Printing Office, Department of Health, Education and Welfare, Washington, D.C., pp. 17–18.
Uri, N., Inorganic free radical reactions in solution, *Chem. Rev.*, 50, 375, 1952.
U.S. Department of Commerce, Investigation into the Chemistry of the UV-Ozone Purification Process, National Technology Information Service, 1979, Springfield, VA, report PB-296 485.
U.S. EPA, Design Manual for Municipal Wastewater Disinfection, report EPA/625/1-86/021 U.S. Environmental Protection Agency, Washington, D.C., 1986.
U.S. EPA, Workshop on UV Disinfection of Drinking Water, Arlington, VA, 1999.
U.S. EPA, National primary drinking water regulations: ground water rule; proposed rules, *Fed. Reg.*, 65(91), 30193, 2000.
von Recklinghausen, M., *J. Am. Water Works Assoc.*, 1, 565, 1914.
Walden, F.H. and Powell, S.T., in Proc. Am. Water Works Assoc. Conference, 1911, p. 341.
Waymouth, J.F., *Electric Discharge Lamps*, MIT Press, Cambridge, MA, 1971.
Wayne, R.P., *Faraday Discuss. Chem. Soc.*, 53, 172, 1972.
WEF Digest, Water Environmental Federation, Alexandria, VA; Available also at European Office, The Hague, the Netherlands, 1994.
Weir, B.A. and Sundstrom, D.W., in Proc. Am. Inst. Chem. Engrs. Natl. Meeting, San Francisco, CA, 1989.
Weir, B.A., Sundstrom, D.W., and Klei, H.E., *Hazard Waste—Hazard Mater.*, 4, 165, 1987.

Weiss, J., *Symposium on Mechanisms of Electron Transfer Reactions,* Société de Chimie Physique, Paris, France, 1951.
Whitby, G.E. et al., *J. Water Pollut. Control Fed.,* 57, 844, 1984.
Winter, Br., dissertation, Technical University of Munich, Germany, 1993.
Wright, H., Cairns, W.L., and Sakamoto, G., communication, Trojan Technologies, London, Ontario, Canada, 1999.
Xu, S., Zhou, H., Wei, X., and Lu, J., *Ozone: Sci. Eng.,* 11, 281, 1989.
Yost, K.W., in Proc. Intl. Waste Conf. Water Pollut. Control Fed., 1989, p. 441.
Yue, P.L. and Legrini, O., Am. Inst. Chem. Engrs. Natl. Meeting, San Francisco, CA, 1989.
Zeff, J.D. and Leitis, E., U.S. Patent 4,792,407, 1988; U.S. Patent 4,849,114, 1989.
Zukova et al., *J. Water Pollut. Control Fed.,* 58, 199, 1986.

索　引

【あ】
亜硝酸イオン　119
後増殖　139
アミノ酸　65
アルコール類　145
アルゴン　13
ANSI　4
アルデヒド類　145
アンチモンランプ　68
アンモニア　145

【い】
イオン化エネルギー　14
一重項酸素　67, 114
イットリウムドープランプ　32
一般細菌　98, 130
インジウムドープランプ　32
飲料水の吸光度　76
飲料水の吸収スペクトル　71

【う】
ウイルス　98
ウイルス不活化　75
ウリジン　54
ウリジン光量測定　54

【え】
AOX　77
AOPs　109
エキシマ　16
エキシマ放射　37
エキシマランプ　37
エキソヌクレアーゼシステム　64
AWWA　5
X線　7
MS-2　73, 75, 98, 135
NSF　4

FIGAWA　4
Erythema　7
塩素化炭化水素の分解　111
塩素化ビフェノール類　78
塩素化芳香族化合物　111
エンテロウイルス　72, 75
円筒型ランプ　18

【お】
オキシダント　114, 128
オゾン-紫外線併用　123, 125, 130
オゾンの発生　127
オゾン抑制剤　127
温度　19

【か】
拡散　9
核酸の修復　62
囲い（ランプの）　41, 43
過酸化水素-紫外線併用酸化　121, 130
過酸化水素の酸度定数　118
過酸化水素の紫外吸収スペクトル　119
過酸化水素の分解　55
過酸化水素への再結合　115
カップサイズの補正　71
カプシド酵素　67
カルボン酸　145
感光　20
干渉の原則　6
γ線　7

【き】
擬一次反応　81
キセノンエキシマランプ　112
キセノンドープ低圧水銀ランプ　117
キセノンパルス　72
キセノンフラッシュ出力ランプ　36

165

索　引

キセノン放電ランプ　33
キセノンランプ　36
キャリヤガスドープランプ　33
吸光度(飲料水の)　76
吸光度ファクタ　89
吸収係数の補正ファクタ　70
吸収スペクトル(飲料水の)　71
吸着性ハロゲン化有機物　77
KIWA　4
近紫外線　7

【く】

グリシル-トリプトファン二量体　64
クリプトスポリジウム　72
グロー帯　22
Grotrian図(水銀原子の)　14
グロー放電水銀ランプ　22
クロラミン　77

【け】

検出器　99
　　――の取付け　99
減衰法則　69

【こ】

高圧水銀ランプ　16, 24
光化学併用酸化プロセス　109
光学フィルタ　47
　　――の透過率　48
酵素による修復メカニズム　62
光電管　50
光電セル　47, 99
紅斑　7
光量計　51
光量測定　51
黒体　8, 12
黒化　20
コリファージf-2　98
コリメータ法　70

【さ】

再活性化　133
細菌細胞物質の紫外吸収スペクトル　60
殺菌作用　60
殺菌紫外線強度　142
殺菌ランプ　22
殺藻処理　74
殺藻光分解　74
酸素のエネルギー図　124
酸素の吸光度　127
散乱　9

【し】

次亜臭素酸イオン　114
紫外吸収スペクトル　60, 61, 62, 78, 80, 119, 120, 129
紫外線　2, 5, 7
　　――の吸収範囲　110
　　――の電磁波放射　6
　　――の透過率　42, 136
　　――の発生　12
　　――の反射　42
　　――の反射率　45
　　――の放射　25
紫外線-オゾン併用　123, 125, 130
紫外線-過酸化水素併用酸化　121, 130
紫外線照射　1
紫外線消毒における水質項目　77
紫外線消毒の設計　101
紫外線透明度　100
紫外線併用酸化プロセス　129
紫外線放射効率　100
紫外線放射スペクトル　28
軸混合　83, 88
自己吸収　17
シトクロムC　66
シュウ酸ウラン　51
重水素キャリヤガス放電ランプ　34
臭素酸イオン　78
重炭酸イオン　114

索　引

修復メカニズム　63
修復メカニズム(酵素による)　62
Schumannの範囲　7
硝化　142
硝酸イオン　119
　　――の紫外線分解　120
硝酸の紫外吸収スペクトル　120
照射線量　85
消毒効果(日光の)　67
消毒副生成物　133
真空紫外線　10, 112, 128
浸出水の処理　125

【す】
酢　145
水温　75
水銀原子のGrotrian図　14
水銀のイオン化エネルギー　14
水銀の使用量　24
水銀ランプ　15
水素引抜き反応　115
Stark-Einsteinの法則　51
Stefan-Boltzmann法則　12
スペクトルバンド　26

【せ, そ】
制動放射　30
石英　41
全懸濁物質　136
洗剤　145
浅色団　127
線量効率　68
栓流　95

相対検出感度　100
促進酸化プロセス　109

【た】
大腸菌　98
大腸菌群　63, 98, 139

大腸菌群数　134
多色性　35, 40
多色放射　25, 123
脱色　125
縦配列モード　97, 143
単一ランプ円筒型反応器　85
単環芳香族炭化水素　122
炭酸イオン　114
炭酸ラジカル　114
タンパク質　64
タンパク質(細胞の)　65

【ち】
致死線量　70
致死遅滞相　76, 80
致死的なサイト　80
致死的なセンターサイト　83
チミン化合物　62
　　――の紫外吸収スペクトル　62
チミン二量体　62
中圧水銀ランプ　15, 24, 26, 40
　　――の劣化　31
中圧ランプ　144
中紫外線　7
腸内細菌　72, 74, 130
沈積作用　43

【て】
低圧水銀ランプ　15, 16, 39, 144
　　――の放射強度　22
　　――の発光曲線　91
低圧ランプ　144
DIN　4
THMs　77
DNAのサイズ　66
D_{10}　72
D_{10}線量　69
テスト菌体　75, 98
テフロン　41
電圧　19

167

索　引

電子なだれ現象　12
電磁波の範囲　6
電磁波放射（紫外線の）　6

【と】

トリクロロエタン　111
トリクロロエチレン　111
トリハロメタン　77
トリプトファン塩基　64
トリヨウ化物イオン　53

【な, に】

ナフタレン　78

二酸化チタン　127, 128
日光の消毒効果　67
p-ニトロソジメチルアニリン　114
ニトロフェノール　122
ニトロ芳香族化合物　111
入力電圧　26
Newtonの干渉　6

【ね, の】

ネオン　33
熱イオン放射　27
熱陰極タイプ　19

農薬　111

【は】

バイオアッセイ法　97
バクテリオファージf-2　75, 88, 135
曝露線量　67, 68, 82, 85
発光曲線(低圧水銀ランプの)　91
発光現象　11
発色団の吸収　67
波動説　5
Hartleyバンド　123
ハライドドープランプ　35
パラオキシ安息香酸　79

ハロゲンイオン　113
ハロゲン化試薬　113

【ひ】

光回復　139, 140
光回復酵素　139
光修復　140
光分解　120
p-ヒドロキシ安息香酸　88
　——の紫外吸収スペクトル　80
ヒドロキシラジカル　109, 112, 115
ヒドロペルオキシラジカル　117
ピリミジン　61
ピリミジン塩基の紫外吸収スペクトル　61

【ふ】

ファージf-2　73
ファラディ暗部　17
VUV　10, 112, 128
封入ガス　13
フェノール　122
フェリシュウ酸カリウム　51
不活化　80, 83
　——のメカニズム　110
不活性ガス　13
不均化反応　117
複数ランプ反応器　90
糞便性大腸菌　134, 139
糞便性連鎖球菌　134
PCBs　78
フミン酸　76, 79, 125
フミン物質　111
フラッシュ発光　81
Fresnelの法則　45
分子放射　30

【へ】

併用酸化プロセス　109, 112
ペニング効果　13
ペニング混合　13

索引

pH　75
ペルオキシラジカル　115, 116
ペルオキソ二硫酸第三ブタノール紫外線光量計
　53
Beer-Lambertの法則　84
ベンゼン　111
扁平ランプ　31, 93

【ほ】
放射強度　19
放射測定　46
放射スペクトル　21
ポリオウイルス　135
ポリメラーゼシステム　64

【ま】
曲げ型低圧水銀ランプ　18
マラカイトグリーン　51
マルチサイト　80
マルチヒット　80

【み】
未硝化　142
未処理下水　137
未ろ過放流水　136
Millikanの範囲　7

【め, も】
メタルハライドランプ　35
メチレンクロライド　111

Morrillインデックス　97, 143

【ゆ】
有機塩素化農薬　122
有機化合物　78
有機官能基の紫外吸収スペクトル　78
U型低圧水銀ランプ　18

UV-A　6, 7, 10
UV-C　7, 8, 22
UVT　136
UV-B　7, 8, 10

【よ】
ヨウ化アンチモン　35
ヨウ化物-ヨウ素酸塩光量計　52
溶存酸素　115, 130
溶存タンパク質　78
横配列モード　97, 143

【ら】
ラジカルイオン移動反応　113
ラジカル捕捉反応　113
ランプ囲い　41, 43
ランプ据付け　97
ランプの劣化　20
ランプ壁　41
乱流　95

【り】
Lymanの範囲　7
粒子理論　5
流動パターン（水の）　95
量子仮説　5
量子収率　51, 117, 124

【れ】
冷陰極タイプ　18
励起二量体　16
レイノルズ数　95
劣化　20, 30

【ろ】
ろ過下水　137
ロイコシアナイド　51

微生物（学名）索引

Actinomyces　　73, 98
Aerobacter　　63, 139
Aerobacter aeromonas　　73
Aeromonas aerobacter　　74
Aspergillus niger　　73

Bacillus paratyphosus　　73
Bacillus subtilis　　5, 62, 73, 83, 97, 139
Bacterium coli　　73
Bacterium megatherium　　73
Bacterium prodigiosus　　73

Chlorella vulgaris　　73
Citrobacter freundii　　73, 82
Clostridium perfringens　　73, 75, 98, 135, 139
Corynebacterium diphteriae　　73
Cryptosporidium　　73
Cryptosporidium parvum　　3

Diplicoccus pneumoniae　　139
Dysentery bacilli　　73

Eberthella typhosa　　73
Enterobacter cloacae　　73
Enterococcus faecalis　　73, 75
Erwinia　　63, 139
Escherichia coli　　63, 66, 73

Fusarium　　73

Giardia lamblia　　3, 73

Haemophilus infiuenzae　　62, 139

Klebsiella pneumoniae　　73

Lamblia muris　　73
Legionella pneumophila　　73

Legionella pneumophilia　　73

Micrococcus　　139
Micrococcus candidus　　73
Micrococcus radiodurans　　62, 139
Micrococcus sphaeroides　　73

Neisseria catarrhalis　　73
Neurospora　　139
Nocardia　　73

Penicillium　　139
Phytomonas tumefaciens　　73
Proteus　　63, 139
Proteus mirabilis　　83
Proteus vulgaris　　73
Pseudomonas aeruginosa　　73, 139
Pseudomonas fluorescens　　73

Saccharomyces　　63, 139
Saccharomyces cerevisiae　　5
Salmonella typhi　　73
Salmonella thyphimurium　　73
Salmonella typhimurium　　73
Serratia marcescens　　73
Shigella paradysenteriae　　73
Spirillum rubrum　　73
Streptococcus faecalis　　73, 134, 139
Streptococcus hemolyticus　　73
Streptococcus lactis　　73
Streptococcus viridans　　73
Streptomyces　　63, 139

Torula sphaerica　　73

Vibrio cholerae　　73

Yersinia enterocolitica　　73

訳者略歴

海賀信好　かいがのぶよし

1972年　東京理科大学大学院理学研究科博士課程修了／理学博士
1973年　東京芝浦電気株式会社，重電技術研究所入社
　　　　水処理技術・オゾン応用・材料技術担当
1984年　株式会社東芝 官公システム事業部 水道技術担当
　　　　ヨーロッパの水道事情調査
2000年　埼玉県環境科学国際センター客員研究員
2003年　東芝ITコントロールシステム株式会社 官公システム事業部

所属学協会

日本化学会，日本水環境学会，国際オゾン協会，水質問題研究会，
公共設備技術士フォーラム，日本医療・環境オゾン研究会に所属，
グリーンケミストリーサービス協会学術委員，日本景観学会理事，
元国際オゾン協会理事

紫外線による水処理と衛生管理　　定価はカバーに表示してあります。

2004年5月10日　1版1刷発行　　　　ISBN 4-7655-3197-X

著　者　Willy. J. Masschelein
訳　者　海　賀　信　好
発行者　長　　祥　　隆
発行所　技報堂出版株式会社
〒102-0075　東京都千代田区三番町8-7
　　　　　　　　（第25興和ビル）
電　話　営　業　(03)(5215)3165
　　　　編　集　(03)(5215)3161
　　　　ＦＡＸ　(03)(5215)3233
　　　　振替口座　00140-4-10
Printed in Japan　　http://www.gihodoshuppan.co.jp

© Nobuyoshi Kaiga, 2004　　装幀　アルト・プランニング　印刷・製本　シナノ

落丁・乱丁はお取り替え致します。
本書の無断複写は，著作権法上での例外を除き，禁じられています。

世界の水道 – 安全な飲料水を求めて

海賀信好著　　A5・264頁・定価3,150円　　ISBN:4-7655-3181-3

　世界の水道事情を紹介するとともに，日本の水道水質に適した新しい水質分析手法も提案。世界25ヶ国62都市の水道事業体，浄水場などが抱える問題とその対応策を報告。

【目次】

[明日の水道に向けて]
1. 世界の水道水を高感度に簡易分析：ドイツにおける水源と処理工程
2. 水道水の蒸発残留物の簡単な測定：軟水から硬水まで，示差屈折率で分析
3. 日本の水道水の比較：高度浄水処理導入による水質改善
4. 処理システムの再構築：水を制して社会を維持
5. 浄水処理工程の比較：世界で初めての調査結果
6. オゾン処理による水質特性の変化：腐植物質を微生物の餌にして除去
7. 濁質としての藻類と原虫：クリプトスポリジウムは不均一に分散
8. 生きている浄水場：生物の知識が必要
9. 給水配管内の微生物：定期的な洗浄が必要
10. 蛍光分析を使う管理：夕焼けの原理で精度良く分析
11. 世界の水道事業をめぐる変化：技術革新，危機管理，事業経営で動き

[ヨーロッパ]
12. ロンドン　13. ケンブリッジ郊外　14. パリ　15. パリ郊外　16. マルセイユ　17. ルアン郊外
18. ボルドー　19. レンヌ　20. リヨン　21. ニース　22. トリノ　23. フィレンツェ　24. ローマ　25. ナポリ
26. バリ　27. チューリッヒ　28. ブリュッセル　29. エッセン　30. シュツットガルト　31. ロッテルダム
32. アムステルダム　33. ハウダ　34. コペンハーゲン　35. オスロ　36. ストックホルム　37. ヘルシンキ
38. モスクワ　39. ワルシャワ　40. クラクフ　41. プラハ　42. ブタペスト　43. ウィーン

[アメリカ]
44. オークランド　45. サンフランシスコ　46. ニュージャージー　47. ベイシティー
48. オクラホマシティー　49. シュリーブポート　50. マートルビーチ　51. ツーソン　52. ロサンゼルス
53. モントリオール　54. ウイニペグ　55. エドモントン　56. バンクーバー　57. ハバナ
58. メキシコシティー

[アジア，豪州]
59. ソウル　60. 大邱　61. 釜山　62. 北京　63. 広州　64. 台北　65. 台中　66. 嘉義　67. 台南　68. 高雄
69. シドニー　70. メルボルン　71. ブリスベン　72. アデレード　73. パース

[記　録]
74. ボトルウォーター：1987年の国際オゾン会議
75. チェルノブイリ原発事故：浄水処理による放射能変化
76. シェーンバイン生誕200年記念の国際シンポジウム：オゾンの化学史と各分野の研究動向
77. ポン・デュ・ガールの土木工事：紀元前のアーチに沿って道路の建設